长江下游地区常见浮游植物图集

Atlas of Common Phytoplankton in the Lower Yangtze River

王全喜　庞婉婷　主编

科学出版社

北　京

内 容 简 介

本书共收集长江下游地区常见浮游植物（除硅藻）7门103属397种（含种下分类单位），其中蓝藻门14属40种1变种，金藻门5属12种，黄藻门4属4种1变种，隐藻门2属4种，甲藻门5属8种，裸藻门6属62种19变种，绿藻门67属201种43变种2变型。书中记录了每个种的中文名、拉丁名、引证文献、形态特征、生境等信息，并附有展示其鉴别特征的彩色光镜照片。

本书可作为植物学、淡水生态学、水产养殖、环境科学等领域的研究人员以及相关专业师生的科研用书，也可供环境监测、环境保护部门的工作人员参考。

图书在版编目（CIP）数据

长江下游地区常见浮游植物图集/王全喜，庞婉婷主编. —北京：科学出版社，2023.7

ISBN 978-7-03-075790-6

Ⅰ. ①长… Ⅱ. ①王… ②庞… Ⅲ. ①长江中下游 - 浮游植物 - 图集 Ⅳ. ① Q948.8-64

中国国家版本馆CIP数据核字（2023）第105399号

责任编辑：王海光　王　好 / 责任校对：郑金红
责任印制：吴兆东 / 封面设计：金舵手世纪

斜 学 出 版 社 出版

北京东黄城根北街16号
邮政编码：100717
http://www.sciencep.com

北京捷迅佳彩印刷有限公司 印刷

科学出版社发行　各地新华书店经销

*

2023年7月第 一 版　开本：787×1092　1/16
2024年1月第二次印刷　印张：14 3/4
字数：350 000

定价：258.00 元
（如有印装质量问题，我社负责调换）

编　委　会

主　编：王全喜　庞婉婷

副主编：张军毅　曹　玥　尤庆敏　孙蓓丽

参编者：于　潘　邢冰伟　姜小蝶　张潇月

　　　　　刘腾腾　郭凯娟　苏新然　王翠香

序

    浮游植物（浮游藻类）是水生态系统的重要组成部分，它在水产养殖、水环境监测与生态评估等方面发挥着重要作用。虽然近年来藻类分类系统有很大变化，一些新方法被用于藻类分类和鉴定，但显微镜观察和形态学特征的识别仍然是藻类分类和鉴定的基础，难以被替代。浮游植物个体小，观察鉴定困难，相关经典鉴定书籍多以手绘图为主，因此出版高质量的浮游植物彩色光镜图集，对藻类的鉴定和应用具有重要价值。

    上海师范大学王全喜教授团队从事淡水藻类分类和生态研究20多年，积累了丰富的经验和大量的科学资料，在人才培养和科研成果方面成效显著。他们将多年来积累的资料整理编写成这部《长江下游地区常见浮游植物图集》，书中展示了长江下游地区常见浮游植物（除硅藻）7门103属397种（含种下分类单位），是目前国内种类最全的一部淡水藻类彩色图集，内容丰富，可读性和实用性兼备。

    该书是我国淡水藻类生物多样性研究的重要书籍，对淡水藻类分类鉴定、生态环境等方面的研究可起到推动作用。

    为祝贺该书出版，特为做序。

2023年7月

前　　言

　　浮游植物（phytoplankton）是淡水生态系统中的初级生产者，通常就是指浮游藻类，它是鱼类和其他经济动物的直接或间接饵料，与渔业生产关系密切，在决定水域生产能力方面有着重要意义。当浮游植物过度繁殖时会形成"水华"，造成水环境灾害。浮游植物与水环境有着密切关系，它是可以反映水体状况的重要指标。

　　近年来，随着国家对水生态环境的重视，浮游植物在水生态环境监测与评价中的作用也越来越受关注，鉴定浮游生物的需求逐渐加大。近年来，我们在长江下游地区进行了淡水生态环境（包括河流、湖泊、池塘、湿地等）藻类多样性调查，并积累了大量浮游藻类彩色光镜照片。为满足广大环境监测者和浮游植物鉴定者的需求，我们认真筛选和鉴定了这些照片，汇编成本书。

　　常见浮游植物包括蓝藻门、金藻门、黄藻门、甲藻门、隐藻门、硅藻门、裸藻门、绿藻门8个门，本书包括除硅藻门之外的7个门，共计103属397种（含种下分类单位）。有关藻类的分类系统，随着分子生物学方法的应用，小到科属地位，大到门纲类群，近年来都发生了很大变化，不同的学者观点差异也较大，但在我国尚未有系统整理相关研究进展的文献。在此情况下，为了方便阅读，本书分类系统仍主要参考《中国淡水藻志》和《中国淡水藻类：系统、分类及生态》（胡鸿钧和魏印心，2006）。

　　本书编写过程跨越两三年，常因其他事务间断，加上作者水平有限，书中不足之处在所难免，敬请读者批评指正。

王成喜

2022年3月

目　录

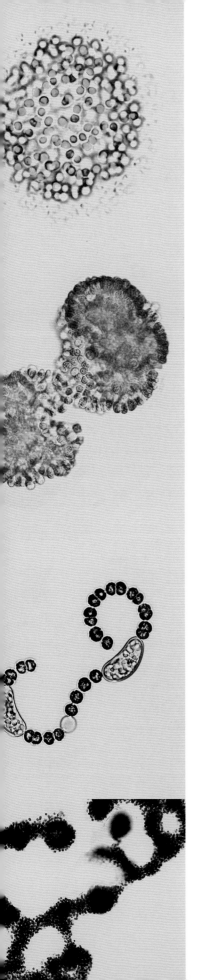

蓝 藻 门

Cyanophyta

　　蓝藻是一类原核生物（prokaryote），又称蓝细菌（cyanobacteria），其形态为单细胞、群体或丝状体。细胞无色素体和真正的细胞核等细胞器，原生质体分为外部色素区和无色的中央区。色素区除含有叶绿素a和两种叶黄素外，还含有藻红素和藻蓝素，光合产物主要是蓝藻淀粉。无色中央区主要含有环丝状DNA，无核膜、核仁。

　　蓝藻的细胞壁由3～4层黏肽复合物构成；单细胞和群体类蓝藻的细胞壁外层常有个体或群体胶被，丝状体类蓝藻的细胞壁外常具胶鞘；胶鞘和胶被分层或不分层，无色或为黄、褐、红、紫、蓝等颜色。

　　有些丝状蓝藻具异形胞，异形胞常为球形，细胞壁厚，内含物稀少，在光学显微镜下无色透明。异形胞的着生位置是蓝藻分类的重要特征。

　　蓝藻的繁殖方式通常为细胞分裂，有些单细胞或群体类蓝藻可以形成外生孢子和内生孢子，丝状体类蓝藻除细胞分裂外，藻丝还能形成"藻殖段"，以"藻殖段"的方式进行营养繁殖。

　　蓝藻在各种水体或潮湿土壤、岩石、树干及树叶上都能生长，不少种类还能在干旱环境中生长繁殖。水生蓝藻多在含氮较高、有机质丰富、偏碱性的水体中生长，大量繁殖形成水华，破坏湖泊景观和水体生态环境，造成生态危害。

　　蓝藻的分类近年来变化较大，随着分子生物学研究的进展，出现了大量的新属和新种，许多常见的蓝藻类群分类地位也发生了变化。世界已报道的蓝藻约有400属近5000种。蓝藻是长江中下游地区最常见的藻类之一，易在湖泊、池塘、河道中形成水华，本书收录常见蓝藻14属40种1变种。

蓝藻纲Cyanophyceae　色球藻目Chroococcales
平裂藻科Merismopediaceae

隐球藻属*Aphanocapsa* Nägeli 1849

　　原植体为群体，由2个至多个细胞组成，群体胶被厚而柔软，无色、黄色、棕色或
蓝绿色。细胞球形、卵形、椭圆形或不规则形，常2个或4个细胞一组分布于群体中，
组间有一定的距离。个体胶被不明显或仅有痕迹。原生质体均匀，无气囊，浅蓝色、
亮绿色或灰蓝色。

　　常分布于湖泊、池塘中。

1. 微小隐球藻（图1-1）

Aphanocapsa delicatissima West et West, 1912;
　朱浩然, 1991, p. 20, pl. V, fig. 5.

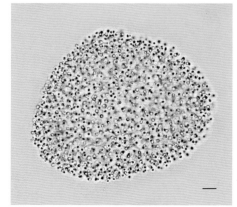

　　群体球形、椭圆形或不定形；群体胶被黏
质，均匀，无色或黄色。细胞球形，单生或成
对，排列均匀而松散。原生质体蓝绿色，无气
囊。细胞直径0.8～1.1 μm。

图1-1　微小隐球藻[*]

2. 细小隐球藻（图1-2）

Aphanocapsa elachista West et West, 1912; 朱浩然, 1991, p. 20, pl. V, fig. 6.

　　群体球形、卵形或椭圆形；公共胶被无色，质均匀。细胞球形，单独存在或成对。
原生质体均匀，蓝绿色，无气囊。细胞直径1.6～1.8 μm。

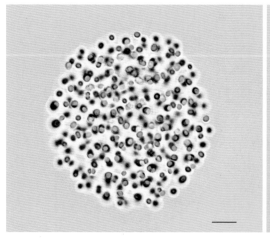
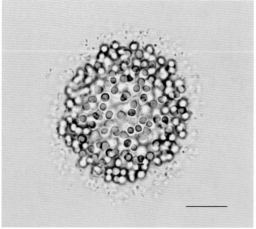

图1-2　细小隐球藻

*: 全书标尺＝10 μm。

平裂藻属 *Merismopedia* Meyen 1839

原植体为群体,由一层细胞组成平板状;群体中细胞排列整齐,通常2个细胞为一对,2对为一组,4个小组为一群,许多小群组成大群体,群体中的细胞数目不定,小群细胞多为32~64个,大多数群体细胞可达数百个至上千个;群体胶被无色透明且柔软。原生质体均匀,浅蓝绿色、亮绿色,少数为玫瑰红色至紫蓝色。

广泛分布于湖泊和池塘中,在夏季有时为优势种,偶尔可以形成水华,在长江干流和河道中也有分布。

1. 细小平裂藻(图1-3)

Merismopedia minima Beck, 1897; 朱浩然, 1991, p. 79, pl. XXXI, fig. 8.

群体由4个至许多细胞组成。细胞小,互相密贴,球形、半球形。原生质体均匀,蓝绿色。细胞直径0.9~1.1 μm。

2. 微小平裂藻(图1-4)

Merismopedia tenuissima Lemmermann, 1898; 朱浩然, 1991, p. 79, pl. XXXI, fig. 9.

群体微小,呈正方形,由16个、32个、64个、128个或更多细胞所组成,群体中的细胞常4个成一组,群体胶被薄。细胞球形、半球形,外具较明显或完全溶化的胶被。原生质体均匀,蓝绿色。细胞直径1.3~2.0 μm。

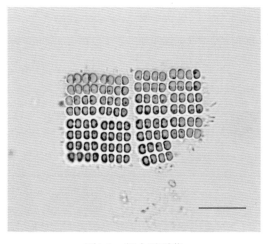
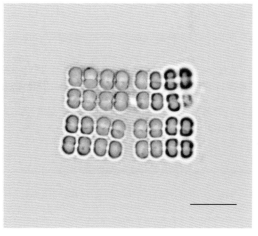

图1-3　细小平裂藻　　　　　　　　　　图1-4　微小平裂藻

3. 点形平裂藻(图1-5)

Merismopedia punctata Meyen, 1839; 朱浩然, 1991, p. 79, pl. XXXI, fig. 10.

群体一般由8个、16个、32个、64个细胞组成,群体内的细胞排列十分整齐。细胞半球形、宽卵形或球形。原生质体均匀，淡蓝绿色或蓝绿色。细胞直径2.0～3.1 μm。

4. 旋折平裂藻（图1-6）

Merismopedia convoluta Brébisson ex Kützing, 1849; 胡鸿钧和魏印心，2006, p. 58, pl. II, figs. 7-9.

群体呈板状或叶片状，可弯曲甚至边缘部卷折。细胞球形、半球形或长圆形。原生质体均匀，蓝绿色。细胞直径3.0～4.8 μm。

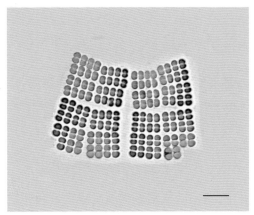

图1-5　点形平裂藻　　　　　　　　图1-6　旋折平裂藻

腔球藻属 *Coelosphaerium* Nägeli 1849

原植体群体，球形、长圆形、椭圆形或略不规则。群体胶被厚，无色，均匀或具辐射状纹理；个体胶被缺或不明显。细胞球形、半球形、椭圆形或倒卵形，在群体胶被表面下排成完整的一层，形成中空的群体。

分布于湖泊、池塘中，常与微囊藻水华混生。

1. 居氏腔球藻（图1-7）

Coelosphaerium kuetzingianum Nägeli, 1849; 朱浩然，1991, p. 83, pl. XXXII, fig. 4.

群体球形或近球形，直径33～50 μm；群体胶被无色透明。细胞近球形，单一或成对，在群体胶被的表面下排成一单层。原生质体均匀。细胞直径3.8～4.3 μm。

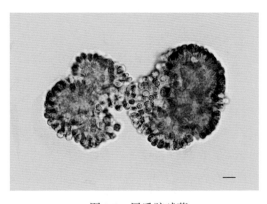

图1-7　居氏腔球藻

乌龙藻属 *Woronichinia* (Unger) Elenkin 1933

原植体为群体，略呈球形、肾形或椭圆形，通常由2～4个亚群体组成肾形或心形复合体；具无色较透明胶被，胶被离细胞群体边缘较窄，5～10 μm；群体中央具辐射状或平行的分枝状胶质柄。细胞胶质柄常向外延伸形成类似管道状物，也使得胶被变厚，形成透明的放射层。细胞为长卵形、宽卵形或椭圆形，罕见圆球形。

常分布于大小湖泊中，夏季有时可形成优势种。

1. 赖格乌龙藻（图1-8）

Woronichinia naegeliana (Unger) Elenkin, 1933; 虞功亮等, 2011, p. 10, fig. 1.

群体球形、椭圆形、肾形或不规则心形，通常由多个小群体组成复合体，表面扭曲，不处于一个平面；胶被厚，无色或微黄色，较模糊；群体外围有呈辐射状的较紧密单层排列的细胞。细胞末端具不易见的管状胶质柄，胶质柄在群体中央呈放射状分布，细胞胶质柄常向外延伸形成类似管道状物，形成透明的放射层。细胞蓝绿色，具气囊，卵形或椭圆形，长4.2～10.1 μm，宽3.7～5.6 μm。

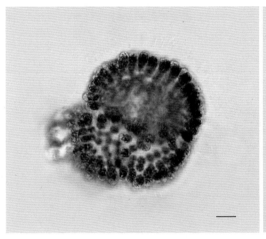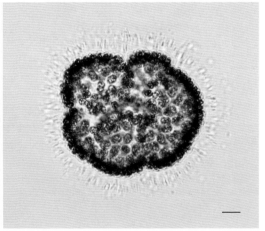

图1-8　赖格乌龙藻

蓝藻纲 Cyanophyceae　**色球藻目** Chroococcales
微囊藻科 Microcystaceae
微囊藻属 *Microcystis* Kützing 1833

原植体为不定形群体，常形成肉眼可见的团块，自由漂浮于水中或附生于水中其他基物上。群体球形、椭圆形或不规则形，有时具穿孔，形成网状或窗格状团块；胶被无色透明，少数种类有颜色；细胞数目极多，排列紧密而无规律，少数具两两成对的情况。个体细胞无胶被，球形或椭圆形，具气囊，但是一些群体中少量细胞无气囊，常出现在群体边缘处，光学显微镜下透亮。

广泛分布于湖泊、池塘、河道等水体中，是蓝藻水华的主要组成成分，夏季经常在长江下游湖泊中形成水华灾害。

1. 铜绿微囊藻（图1-9）

Microcystis aeruginosa Kützing, 1846; 虞功亮等, 2007, p. 729, figs. 1-2.

群体形态变化较大，形状不规则；胶被也常破裂或穿孔，使群体成为树枝状或似窗格的网状体，胶被无色或微黄绿色，明显，无分层。细胞球形，排列较紧密。细胞直径3.8～6.7 μm，均值（5.2　0.55）μm。

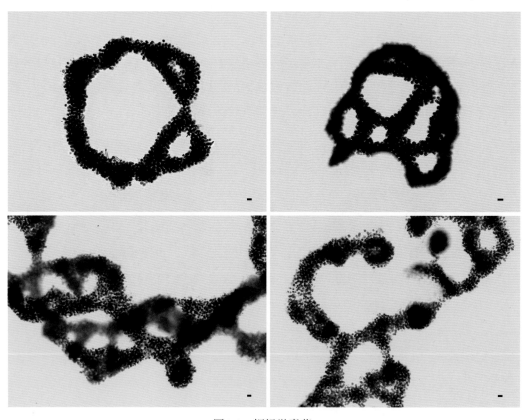

图1-9　铜绿微囊藻

2. 水华微囊藻（图1-10）

Microcystis flos-aquae (Wittrock) Kirchner, 1898; 朱浩然, 1991, p. 16, pl. II, fig. 8; 虞功亮等, 2007, p. 731, figs. 7-8.

群体黑绿色或碧绿色，多为球形，较结实，成熟的群体不穿孔、不开裂；胶被不明显。细胞球形，密集。原生质体蓝绿色。细胞直径3.0～6.6 μm，均值（4.8　0.45）μm。

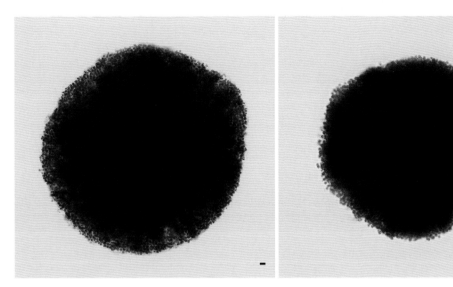

图1-10　水华微囊藻

3. 鱼害微囊藻（图1-11）

Microcystis ichthyoblabe Kützing, 1843; 朱浩然, 1991, p. 14, pl. II, fig. 3; 虞功亮等, 2007, p. 731, figs. 9-10.

群体蓝绿色或棕黄色，团块较小，不定形海绵状，不形成叶状，但有时在少数成熟的群体中可见不明显穿孔；胶被无色或微黄绿色，透明易溶解，不明显，无折光，密贴细胞群体边缘。细胞球形。原生质体蓝绿色或棕黄色。细胞直径2.8～4.2 μm，均值（3.4　0.32）μm。

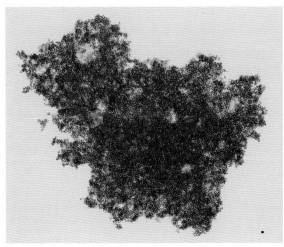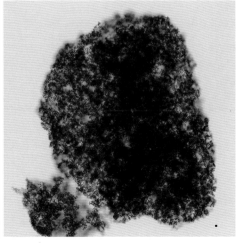

图1-11　鱼害微囊藻

4. 惠氏微囊藻（图1-12）

Microcystis wesenbergii (Komárek) Komárek ex Komárek, 2006; 虞功亮等, 2007, p. 737, figs. 19-23.

群体形态多样，有球形、椭圆形、卵形、肾形、圆筒状、叶瓣状或不规则形，常通过胶被串联成树枝状或网状，组成肉眼可见的群体；胶被无色透亮，明显，边界明确，坚固不易溶解，分层且有明显折光，离细胞边缘远，距离5～10 μm或以上；胶被内细胞较少，细胞一般沿胶被单层随机排列，较少密集排列，有时也充满整个胶被。细胞较大，球形或近球形。原生质体深蓝绿色或深褐色。细胞直径4.6～10.9 μm，均值（7.3   0.74）μm。

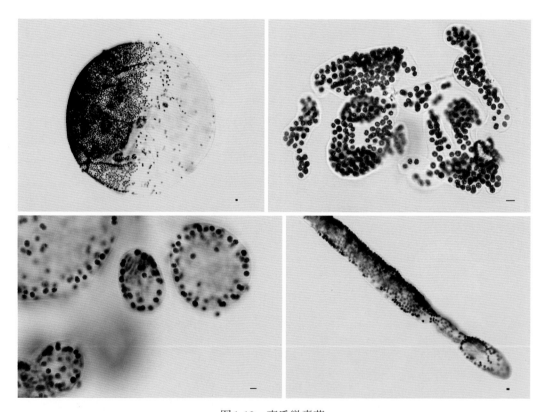

图1-12　惠氏微囊藻

5. 片状微囊藻（图1-13）

Microcystis panniformis (Komárek et al.) Komárek, 2002; 张军毅等, 2012, p. 649, figs. A-E.

群体不规则扁平到单层，老群体具小孔，边缘不规则，无重叠的细胞；胶被不明显。细胞球形，密集均匀排列。细胞直径2.3～6.8 μm，均值（4.4   0.54）μm。

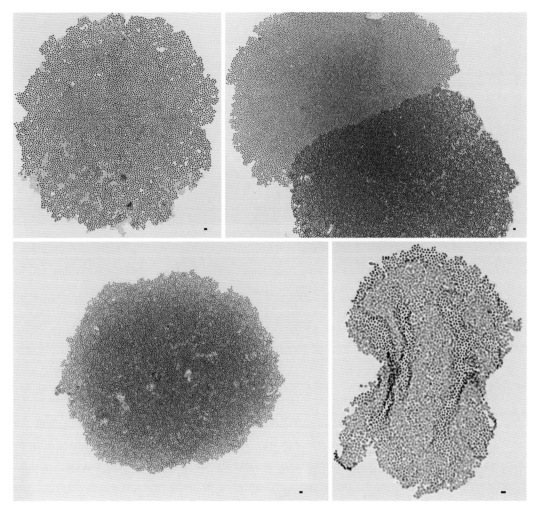

图1-13　片状微囊藻

6. 挪氏微囊藻（图1-14）

Microcystis novacekii (Komárek) Compère, 1974; 虞功亮等, 2007, p. 732, figs. 11-12.

　　群体球形或不规则球形，团块较小，直径一般50～300 μm；群体之间通过胶被连接，一般为3～5个小群体连接成环状，群体内不形成穿孔或树枝状；胶被无色或微黄绿色，明显，边界模糊，易溶，无折光，离细胞边缘远，距离5 μm以上；胶被内细胞排列不十分紧密，外层细胞呈放射状排列，少数细胞散离群体。细胞球形。原生质体黄绿色。细胞大小介于水华微囊藻与铜绿微囊藻之间，直径4.3～7.8 μm，均值（5.1　0.71）μm。

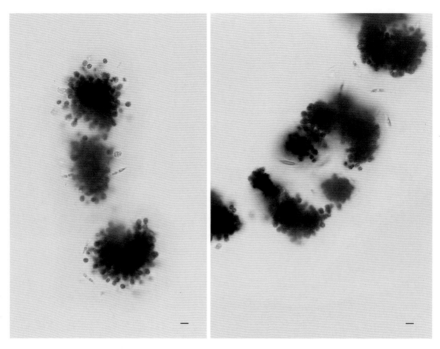

图1-14　挪氏微囊藻

7. 放射微囊藻（图1-15）

Microcystis botrys Teiling, 1942; 虞功亮等, 2007, p. 730, figs. 3-4.

群体球形或近球形，自由漂浮，直径50～200 μm；群体之间通过胶被连接，堆积成更大的球体或不规则的群体，不形成穿孔或树枝状；胶被无色或微黄绿色，明显，边界模糊，无折光，易溶解，不密贴细胞，距离2 μm以上；胶被内细胞排列较紧密，呈放射状排列，外层有少数细胞独立且稍远离群体。细胞球形。原生质体蓝绿色或浅棕黄色。细胞直径4.3～6.8 μm，均值（5.4　0.51）μm。

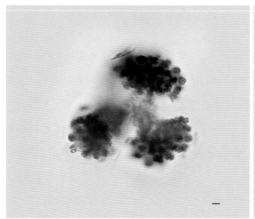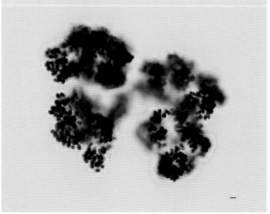

图1-15　放射微囊藻

8. 绿色微囊藻（图1-16）

Microcystis viridis (Braun)
Lemmermann, 1903; 虞功亮等,
2007, p. 736, figs. 17-18.

群体棕褐色，通常由上下两层8个细胞对称排列组成小立方体亚单位，再由4个亚单位组成32个细胞的方形小群体，每个亚单位胶被通常与群体胶被融合，可形成肉眼可见的大型团块，不具穿孔或树枝状，小群体之间的间距远大于小群体内各亚单位的间距；胶被无色，易见，边界模糊，无折光，易溶解。细胞间隙较大，球形。原生质体蓝绿色或棕色。细胞直径4.4～7.5 μm，均值（5.7　0.61）μm。

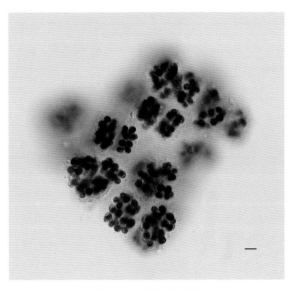

图1-16　绿色微囊藻

9. 史密斯微囊藻（图1-17）

Microcystis smithii Komárek et
Anagnostidis, 1995; 虞功亮等,
2007, p. 734. figs. 15-16.

群体球形或近球形，不形成穿孔或树枝状；胶被无色或微黄绿色，易见，边界模糊，无折光，易溶解，离细胞边缘远，距离5 μm以上；胶被内细胞稀疏而有规律地排列，单个或成对出现，细胞间隙较大，一般远大于其细胞直径。细胞球形，较小。原生质体蓝绿色或茶青色。细胞直径3.1～6.8 μm，均值（5.3　0.63）μm。

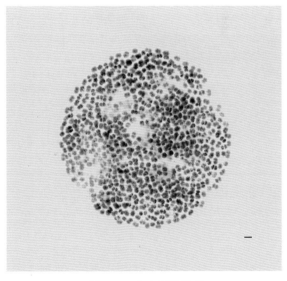

图1-17　史密斯微囊藻

10. 假丝微囊藻（图1-18）

Microcystis pseudofilamentosa Crow, 1923; 虞功亮等, 2007, p. 734. figs. 13-14.

群体窄长，带状，每隔一段有一个收缢，整个形成类似分节的串联体，一般宽17～35 μm，长可达1000 μm；胶被无色透明，不明显，易溶解，无折光；胶被内细胞排列密集，充满胶被。细胞球形。原生质体蓝绿色或茶青色。细胞直径3.6～6.8 μm，均值（5.2 0.71）μm。

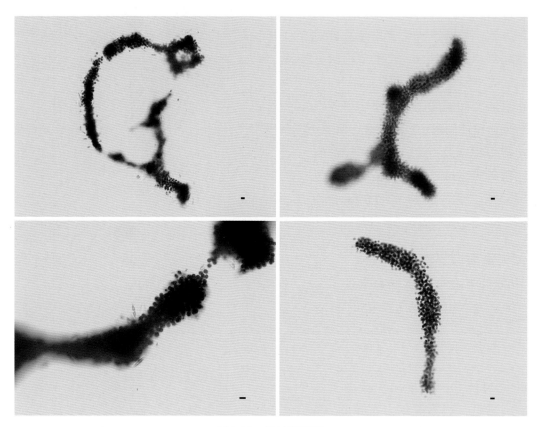

图1-18　假丝微囊藻

11. 浮生微囊藻（图1-19）

Microcystis natans Lemmermann ex Skuja 1934; Komárek and Komárekova, 2002, p. 11, Tab. 2.

群体形状不规则，不形成穿孔；胶被无色，不易见，边界模糊，无折光，易溶解；胶被内细胞分布不均，松散排列。细胞球形，较小。原生质体蓝绿色或茶青色。细胞直径1.8～4.0 μm，均值（3.2 0.71）μm。

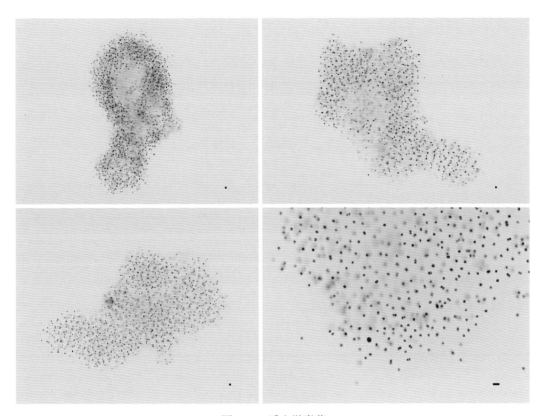

图1-19　浮生微囊藻

蓝藻纲Cyanophyceae　色球藻目Chroococcales
色球藻科Chroococcaceae
色球藻属 *Chroococcus* Nägeli 1849

　　原植体多为2～6个以至更多（很少超过64个）细胞组成的群体；群体胶被较厚，均匀或分层，透明或黄褐色、红色、紫蓝色。细胞球形或半球形，胶被均匀或分层。原生质体均匀或具有颗粒，灰色、淡蓝绿色、蓝绿色、橄榄绿色、黄色或褐色。

　　广泛分布于池塘、湖泊、河道等水体中。

1. 膨胀色球藻（图1-20）

Chroococcus turgidus (Kützing) Nägeli 1849; 朱浩然, 1991, p. 34, pl. XI, fig. 2.

　　群体由2个、4个、8个或16个细胞组成；胶被无色透明。细胞半球形，细胞接触面处扁平。原生质体橄榄绿色、黄色，内具颗粒体细胞。细

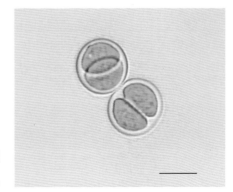

图1-20　膨胀色球藻

胞直径10～12 μm，包括胶被时直径16～17 μm。

2a. 离散色球藻（图1-21a-b）

Chroococcus dispersus (Keissler) Lemmermann, 1904; 朱浩然, 1991, p. 37, pl. XIII, fig. 2.

群体球形、卵形或不规则形，由4个、8个、16个细胞组成；群体胶被稀薄，无色，均匀，个体胶被融合于群体胶被中。细胞球形、半球形。原生质体均匀，淡蓝绿色或蓝绿色。细胞直径2～3 μm。

2b. 离散色球藻小形变种（图1-21c）

Chroococcus dispersus var. ***minor*** Smith, 1920; 朱浩然, 1991, p. 37, pl. XIII, fig. 3.

群体由4个、8个、16个细胞组成，球形、卵形或不规则形，直径24～30 μm；群体胶被稀薄，无色，均匀，个体胶被融合于群体胶被中。细胞球形、半球形。原生质体灰蓝色，均匀。细胞直径2.5～3.0 μm。

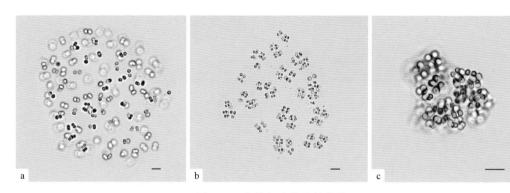

图1-21　离散色球藻及其变种

a-b. 离散色球藻；c. 离散色球藻小形变种

3. 粘连色球藻（图1-22）

Chroococcus cohaerens (Brébisson) Nägeli, 1849; 朱浩然, 1991, p. 38, pl. XIII, fig. 5.

群体由2个、4个或8个细胞组成；胶被薄而无色，不分层；小群体之间常以其侧面互相粘连成一个黏胶状的片状体。细胞半球形、球形。原生质体均匀或略具有颗粒体，蓝绿色。细胞直径7.7～10.0 μm。

4. 微小色球藻（图1-23）

Chroococcus minutus (Kützing) Nägeli, 1849; 朱浩然, 1991, p. 38, pl. XIII, fig. 7.

群体由2个或4个细胞组成；胶被透明无色，不分层；群体中部常收缢。细胞球形、亚球形。原生质体均匀或具少数颗粒体。细胞直径4.5～11 μm，包括胶被时直径7～15 μm。

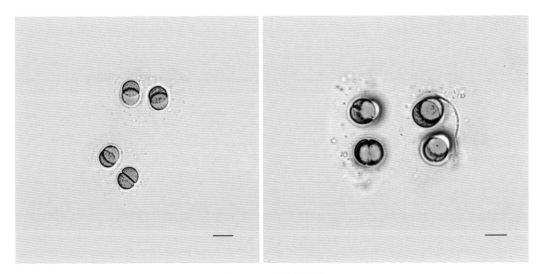

图1-22　粘连色球藻

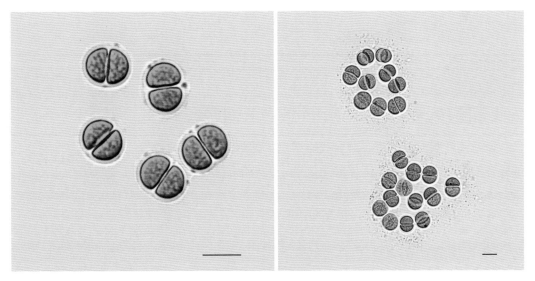

图1-23　微小色球藻

湖球藻属*Limnococcus* (Komárek et Anagnostidis) Komárková et al. 2010

原植体少数为单细胞，多数为2～6个以至更多（很少超过64个）细胞组成的群体；胶被较厚，均匀或分层，透明或黄褐色、红色、紫蓝色。细胞球形或半球形，个体细胞胶被均匀或分层。原生质体均匀或具有颗粒，灰色、淡蓝绿色、蓝绿色、橄榄绿色、黄色或褐色，气囊有或无。

分布于湖泊、池塘、河道等水体中。

1. 湖沼湖球藻（图1-24）

Limnococcus limneticus (Lemmermann) Komárková et al., 2010, p. 79, fig. 5, Cl4a, b.

Chroococcus limneticus Lemmermann, 1898; 朱浩然, 1991, p. 39, pl. XIII, fig. 9.

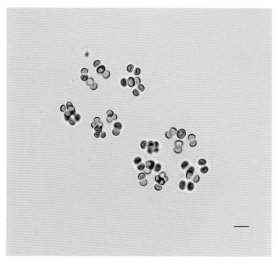

图1-24　湖沼湖球藻

　　群体由4～32个或更多细胞组成；胶被宽厚，无色透明，无层理；群体中细胞常2～4个组成一个小群体，小群体的胶被薄而明显。细胞球形、半球形或长圆形。原生质体均匀，灰色或淡橄榄色，有时具气囊。细胞直径5～7 μm。

藻殖段纲Hormogonophyceae　胶须藻目Rivulariales 胶须藻科Rivulariaceae

尖头藻属*Raphidiopsis* Fritsch et Rich 1929

　　原植体丝状，藻丝短，弯曲或略弯曲，无鞘，一端渐细或两端渐细，尖端具黏质或固体胶质刺毛；无异形胞；具厚壁孢子，厚壁孢子单生或成对，居间位。

　　分布于湖泊、池塘、河道等水体中。

1. 中华尖头藻（图1-25）

Raphidiopsis sinensis Jao, 1951; 朱浩然, 2007, p. 70, pl. LIII(B), fig. 5.

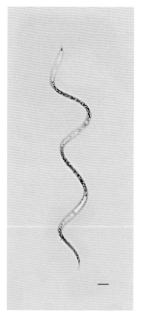

　　藻丝短，常由5～8个细胞组成，有规则螺旋弯曲，横壁不收缢。顶端细胞锐尖，弯曲或反曲。细胞长为宽的5～7倍，宽1.2～1.9 μm，均值1.48 μm，螺距7.08 μm。

图1-25　中华尖头藻

2. 地中海尖头藻（图1-26）

Raphidiopsis mediterranea Skuja, 1937; 朱浩然, 2007, p. 70, pl. LIII(B), fig. 2.

　　藻丝直或略弯曲至拟"S"形，长83～130 μm，宽3～4 μm，横壁不缢入。原生质体浅蓝色，均匀或具小颗粒。中部细胞宽3～4 μm，末端细胞宽1.5～2 μm。

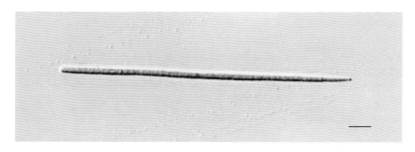

图1-26　地中海尖头藻

藻殖段纲Hormogonophyceae　颤藻目Oscillatoriales
假鱼腥藻科Pseudanabaenaceae
假鱼腥藻属*Pseudanabaena* Lauterborn 1915

　　原植体为单条藻丝组成的皮壳状或毡状的漂浮群体。藻丝直或弯曲，无鞘，横壁处常收缢。顶端细胞无增厚的外壁，细胞柱状，长大于宽。

　　广泛分布于湖泊、河流、池塘、沟渠等富营养化水体中，细胞个体小，有时数量较大，常在长江下游湖泊、长江干流中形成优势种。

1. 湖生假鱼腥藻（图1-27）

Pseudanabaena limnetica (Lemmermann) Komárek, 1974; 朱浩然, 2007, p. 116, pl. LXXVII, fig. 5.

　　藻丝直或略弯曲，末端不渐细，横壁处有时明显收缢或无收缢。细胞柱状，长为宽的2.5～8倍，顶端细胞钝圆，无帽状体。原生质体均匀，浅蓝绿色或橄榄绿色。细胞长3.2～8.4 μm，均值5.1 μm；宽1～3 μm，均值1.9 μm。

2. 土生假鱼腥藻（图1-28）

Pseudanabaena mucicola (Naumann et Huber-Pestalozzi) Schwabe, 1964; 朱浩然, 2007, p. 139, pl. LXXXVI, fig. 7.

　　藻丝短，直，常3～5个细胞，鞘薄且无色，藻丝顶端不尖细，横壁收缢。顶端细胞圆锥形，无帽状体。原生质体略具颗粒。细胞长2.0～5.8 μm，宽1.5～2.4 μm。

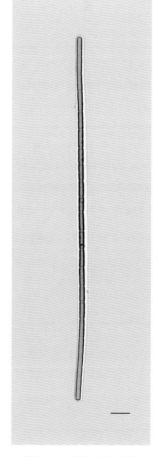

图1-27　湖生假鱼腥藻

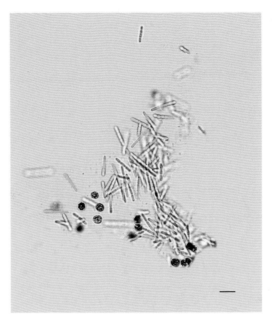

图1-28　土生假鱼腥藻

藻殖段纲 Hormogonophyceae　颤藻目 Oscillatoriales
颤藻科 Oscillatoriaceae
颤藻属 *Oscillatoria* Vaucher ex Gomont 1892

原植体为单条藻丝或由许多藻丝组成皮壳状或块状的漂浮群体，无鞘或很少具极薄的鞘。藻丝不分枝，直或扭曲，能颤动，横壁处收缢或不收缢。顶端细胞多样，末端增厚或具帽状体。细胞短柱状或盘状。原生质体均匀或具颗粒。

广泛分布于池塘、湖泊、河流等水体中。

1. 歪头颤藻（图1-29）

Oscillatoria curviceps Agardh ex Gomont, 1892; 朱浩然, 2007, p. 112, pl. LXXVI,
　fig. 2.

原植体鲜蓝绿色或黑蓝绿色。藻丝直，末端弯曲或螺旋形或微尖细，横壁不收缢。细胞横壁不具颗粒，末端细胞短圆形，不具帽状体，顶端微增厚。细胞长为宽的1/6～1/2，长2～5 μm，宽10～12 μm。

2. 泥泞颤藻（图1-30）

Oscillatoria limosa Agardh ex Gomont, 1892; 朱浩然, 2007, p. 116, pl. LXXVII, fig. 1.

原植体为深蓝色或棕黄色（老时）的膜状物，藻丝很少单独存在，彼此缠绕成松散的团块。藻丝直，横壁不收缢，末端不明显变细。细胞横壁两侧具颗粒，顶细胞圆锥形，外有一个加厚的膜，但无明显的帽状体。细胞长2～5 μm，宽11～15 μm。

3. 巨颤藻（图1-31）

Oscillatoria princeps Vaucher ex Gomont, 1892; 朱浩然, 2007, p. 120, pl. LXXIX, fig. 2.

原植体橄榄绿色、蓝绿色、淡褐色、紫色或淡红色胶块。藻丝多数直，横壁处不收缢，末端略细或弯曲。细胞横壁不具颗粒，末端细胞扁圆形，略呈头状，外壁不增厚或略增厚。细胞长为宽的1/10～1/4，长3.5～7.8 μm，宽16～37 μm。

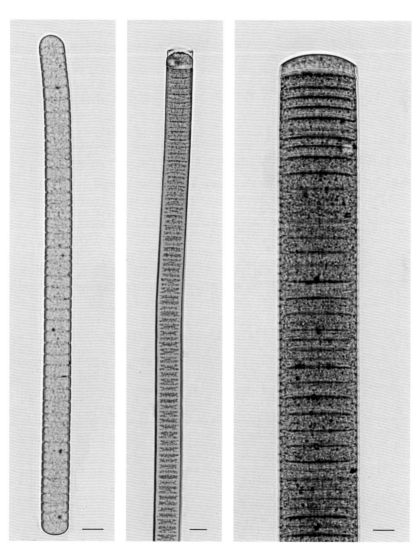

图1-29　歪头颤藻　　图1-30　泥泞颤藻　　图1-31　巨颤藻

浮丝藻属*Planktothrix* Anagnostidis et Komárek 1988

原植体丝状。藻丝粗细一致，两端不尖细，顶多宽圆，无顶冠，外无胶鞘，藻丝明显有横壁。

本属是从颤藻属*Oscillatoria*中将具有气囊且呈浮游生活的种类分离出来建立的，模式种为阿氏浮丝藻*Planktothrix agardhii*，即原来的阿氏颤藻*Oscillatoria agardhii*，后根据分子生物学特征又增加了一些种。

分布于淡水湖泊、池塘中，近些年来在我国暴发的蓝藻水华中有时成为优势类群，可产生包括微囊藻毒素在内的多种毒素。

1. 阿氏浮丝藻（图1-32）

Planktothrix agardhii (Gomont) Anagnostidis et Komárek, 1988; 林燊等, 2008, p. 439, fig. 1.

Oscillatoria agardhii Gomont, 1892; 朱浩然, 2007, p. 106, pl. LXXII, fig. 3.

原植体单生或多条藻丝聚集呈束状或皮壳状。藻丝直或弯曲，横壁处不收缢。顶端细胞凸起且钝圆。原生质体蓝绿色或橄榄绿色，具气囊。细胞长小于宽，长 1.8～4.8 μm，均值2.8 μm，宽3.8～6.7 μm，均值5.5 μm。

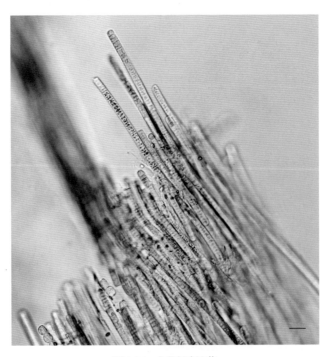

图1-32　阿氏浮丝藻

2. 螺旋浮丝藻（图1-33）

Planktothrix spiroides Wang et Li 2013; Liu et al., 2013, p. 328, figs. 1-5.

　　原植体橄榄绿色或深蓝绿色。藻丝横壁不收缢，舒松地螺旋弯曲，螺旋宽23～46 μm，螺旋间距离35～50 μm。细胞横壁处颗粒不集中，末端略细，末端细胞宽圆形。细胞长2～6 μm，藻丝宽4～8 μm。

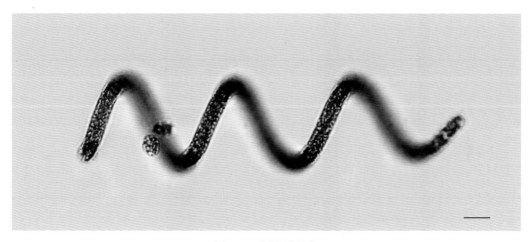

图1-33　螺旋浮丝藻

拟浮丝藻属 *Planktothricoides* Suda et Watanabe 2002

　　原植体为丝状体，暗绿色或黄绿色，单生，不分枝，直或在端部略弯，末端渐细，能颤动，自由漂浮。无异形胞和休眠孢子。藻细胞具气囊，均匀分布于细胞周边，无鞘。细胞长小于宽，横壁处不收缢。

　　本属是根据形态、脂肪酸成分和16s rDNA序列等多个特征将其从浮丝藻属 *Planktothrix* 中分离出来的。两者的形态区别在于，拟浮丝藻气囊集中分布于细胞外围，藻丝体末端狭窄，并且拟浮丝藻属的个体通常比浮丝藻的个体大。

　　常见于富营养化的湖泊、池塘中。

1. 拉氏拟浮丝藻（图1-34）

Planktothricoides raciborskii Suda et Watanabe, 2002; 吴忠兴等, 2008, p. 462,
　　figs. 1-3.

Oscillatoria raciborskii Wołoszyńska, 1912; 朱浩然等, 2007, p. 122.

　　藻丝暗绿色或黄绿色，短直且宽，颤动，无鞘，长可达1 cm以上，长时（＞0.5 cm）可互相缠绕形成块状群体；横壁处不收缢，或偶见收缢；末端渐尖细，微弯曲，不具帽状结构。末端细胞钝圆或近圆锥形。细胞原生质体蓝绿色，具气囊。细胞长 3～5 μm，宽 8～10 μm，长为宽的 1/4～4/5。

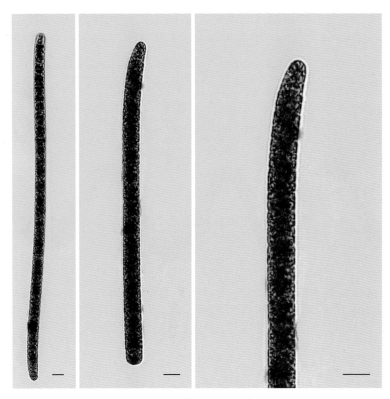

图1-34　拉氏拟浮丝藻

藻殖段纲 Hormogonophyceae　念珠藻目 Nostocales
念珠藻科 Nostocaceae
束丝藻属 *Aphanizomenon* Morren 1838

藻丝多数直，少数略弯曲，常多数组成束状群体，无鞘，顶端尖细。异形胞间生，孢子远离异形胞。

广泛分布于湖泊、池塘、河道中，夏季常形成优势种，有时形成水华。

1. 水华束丝藻（图1-35）

Aphanizomenon flos-aquae Ralfs ex Bornet et Flahault, 1886; 朱浩然, 2007, p. 153, pl. XCIV, fig. 2.

藻丝集合成束状，少数单生，直或略弯曲。细胞圆柱形，具气囊。异形胞近圆柱形，孢子长圆柱形。细胞长 5～7 μm，宽 3～5 μm。

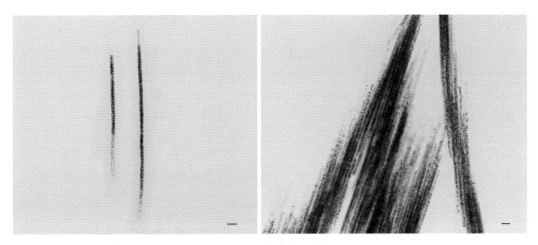

图1-35　水华束丝藻

2. 柔细束丝藻（图1-36）

Aphanizomenon gracile (Lemmemann) Lemmemann, 1907；吴忠兴等，2009, p. 1140, fig. 1.

　　藻丝单生，直或略弯曲，具轻微收缢，胶鞘不明显。细胞圆柱状，顶端细胞圆形，有时略窄且延长。细胞长3～8 μm，宽3～5 μm，长为宽的1～2倍。

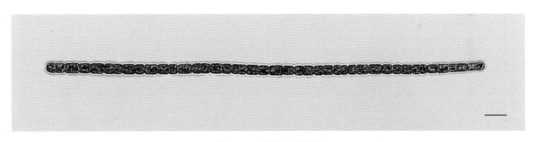

图1-36　柔细束丝藻

长孢藻属*Dolichospermum* (Ralfs ex Bornet et Flahault) Wacklin, Hoffmann et Komárek 2009

　　原植体为单一丝体或不定形胶质块或柔软膜状。藻丝等宽或末端尖细，直或不规则螺旋状弯曲。细胞圆球形、桶形。异形胞间生。孢子1个或几个成串，紧靠异形胞或位于异形胞之间。

　　长期以来，本属的大多数种被放在鱼腥藻属*Anabeana*中，近年来根据细胞内有气囊的特征，将其移到长孢藻属*Dolichospermum*中。

　　广泛分布于各种水体中，常在夏季与微囊藻混生，形成蓝藻水华。

1. 水华长孢藻（图1-37）

Dolichospermum flos-aquae (Brébisson ex Bornet et Flahault) Wacklin, Hoffmann et
　　Komárek, 2009.

Anabaena flos-aquae Brébisson ex Bornet et Flahault, 1886; 朱浩然, 2007, p. 156, pl. XCV,
　　fig. 4

　　藻丝单生或多数交织成团块，藻丝扭曲或不规则螺旋形弯曲，无鞘。细胞椭圆形或球形，长5.6～7 μm，宽4.8～8 μm，具气囊。异形胞椭圆形，长8～9 μm，宽4～7 μm。孢子略弯曲，圆柱形或香肠状，位于异形胞的两端或远离，外壁光滑，无色，长22～29 μm，宽10～13 μm。

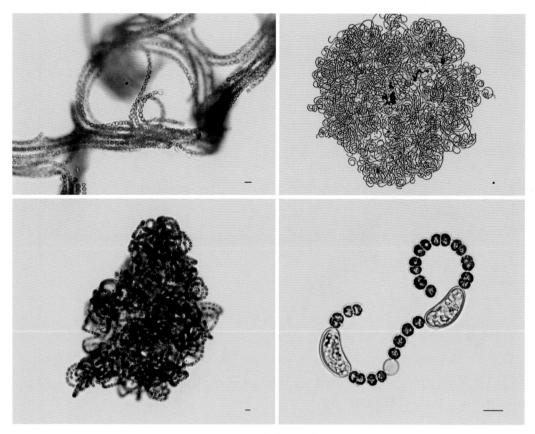

图1-37　水华长孢藻

2. 近亲长孢藻（图1-38）

Dolichospermum affine (Lemmermann) Wacklin et al., 2009; 张毅鸽等, 2020, p. 1079,
　　figs. 1a-1b.

　　藻丝呈线形或稍微弯曲，相互之间形成束状。两端的细胞比中间的细胞稍细，细胞球形或近球形，直径4.2～6.9 μm，具气囊。异形胞球形，与营养细胞大小相似或稍大，直径 4.9～9.2 μm。孢子椭圆形或长椭圆形，远离异形胞，长6.8～17.2 μm，宽5.1～8.9 μm。

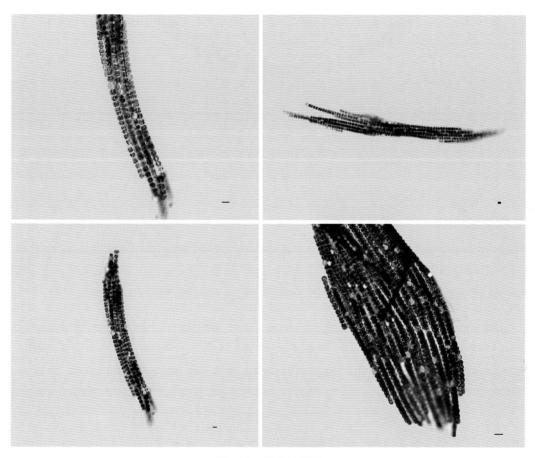

图1-38　近亲长孢藻

3. 浮游长孢藻（图1-39）

Dolichospermum planctonicum (Brunnthaler) Wacklin, Hoffmann et Komárek, 2009;
张毅鸽等，2020, p. 1079, fig. 1d.

藻丝单生，直，具宽的胶鞘。细胞圆球形到圆桶形，具气囊，长常比宽短，长可达9 μm，宽 7～14 μm。异形胞球形，与营养细胞宽度相等。孢子卵形到椭圆形，两端宽圆至钝锥形，有时呈六角形，长14～28 μm，宽9.0～16.1 μm。

图1-39　浮游长孢藻

4. 螺旋长孢藻（图1-40）

Dolichospermum spiroides (Klebahn) Wacklin, Hoffmann et Komárek, 2009; 张毅鸽等，
2020, p. 1079, figs. 1e-1f.

Anabaena spiroides Klebahn 1895; 朱浩然, 2007, p. 163, pl. XCVIII, fig. 4.

　　藻丝单条，卷曲略不规则，宽12.7～36.2 μm，螺间距5.2～28.0 μm。细胞扁球形，
长 3.2～8.3 μm，宽5.1～9.8 μm。异形胞球形，直径5.8～10.5 μm。厚壁孢子长椭圆形，
远离异形胞，长17.7～30.5 μm，宽7.8～11.9 μm。

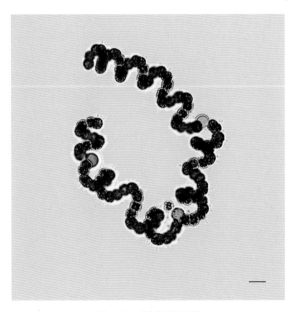

图1-40　螺旋长孢藻

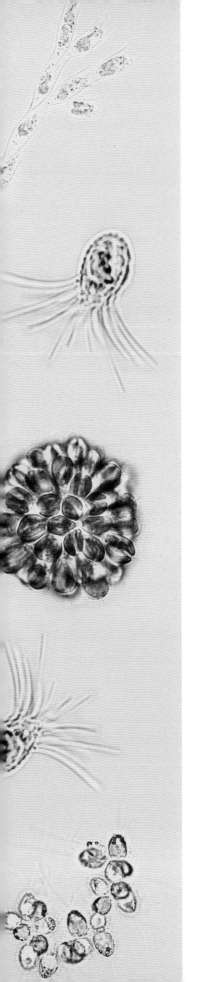

金 藻 门

Chrysophyta

　　金藻为单细胞、群体或分枝丝状体。有些种类营养细胞前端具鞭毛，终生能运动，鞭毛1条或2条。具2条鞭毛时，一条长，伸向前方，为茸鞭型；另一条较短，弯向后方，是尾鞭型。

　　大部分金藻无细胞壁，原生质体裸露，细胞可变形，具周质，有的原生质体分泌纤维素构成囊壳，或分泌果胶质的膜，其表面镶有硅质的小鳞片。少数金藻形成由纤维素和果胶质组成的细胞壁。具2个大型片状色素体；含叶绿素a和叶绿素c；胡萝卜素、叶黄素含量较高，色素体呈黄绿色、橙黄色、金棕色等。光合产物为金藻昆布糖（金藻淀粉）或油。

　　单细胞运动型金藻常以细胞纵裂的方式繁殖；群体运动型金藻常断裂成2个或2个以上的片段，每个片段发育成一个新个体。许多种类可以形成孢囊（cyst），渡过不良环境，在适宜的条件下萌发。金藻的有性生殖为同配生殖，仅在少数属中发生。

　　金藻多生活在淡水中，海水中少见。喜生于透明度高，温度低，有机质含量少，偏酸性的水体中。

　　世界已报道的金藻约有200属1200余种，多生于冷清的沼泽水体中，冬季在长江下游水体中极为常见。本书收录5属12种。

金藻纲Chrysophyceae　色金藻目 Chromulinales　锥囊藻科Dinobryaceae
锥囊藻属*Dinobryon* Ehrenberg 1834

植物体为树状或丛状群体。细胞具圆锥形囊壳，前端圆形或喇叭状开口，后端呈锥形，囊壳透明或黄褐色。细胞多数呈卵形，前端具有2条不等长鞭毛，1个眼点，1~2个片状色素体，周位。

春秋季在水体中常有发现，在湖泊、池塘中浮游生活。

1. 圆筒形锥囊藻（图2-1）

Dinobryon cylindricum Imhof, 1887; 胡鸿钧和魏印心, 2006, p. 241, pl. VI-1, figs. 11-12.

植物体为群体，细胞密集排列呈疏松的丛状。囊壳长瓶形，前端开口处喇叭状，中间近平行，后部渐尖呈锥状，不对称。囊壳长26~42 μm，宽6~9 μm。

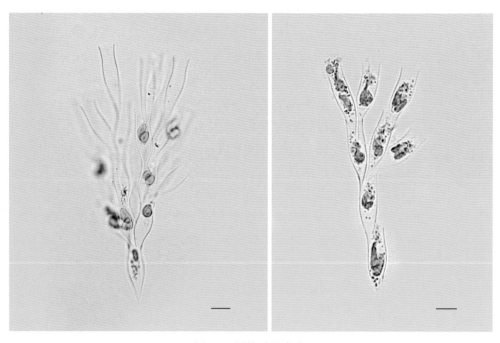

图2-1　圆筒形锥囊藻

2. 分歧锥囊藻（图2-2）

Dinobryon divergens Imhof, 1887; 胡鸿钧和魏印心, 2006, p. 241, pl. VI-1, figs. 9-10.

植物体为群体，细胞密集排列呈疏松的丛状。囊壳长，圆锥形，前端开口处略扩展，中间近平行，侧缘略凹入呈不规则的波状，后端渐尖。囊壳长31~60 μm，宽7~10 μm。

图2-2　分歧锥囊藻

3. 密集锥囊藻（图2-3）

Dinobryon sertularia Ehrenberg, 1834; 胡鸿钧和魏印心, 2006, p. 243, pl. VI-1, fig. 14.

植物体为群体，细胞密集排列呈丛状。囊壳钟形，宽而粗短，前端开口处略呈喇叭状，中上部略收缢，后端渐尖呈锥状，略不对称。囊壳长 23～45 μm，宽 6～9 μm。

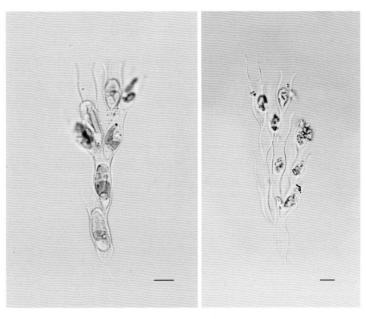

图2-3　密集锥囊藻

金藻纲Chrysophyceae　蛰居藻目Hibberdiales　金柄藻科Stylococcaceae

金瓶藻属 *Lagynion* Pascher 1912

　　植物体为单细胞或几个细胞聚集而成群体，附着在基质上。原生质体外具囊壳，呈球形或哑铃形，上部为短的凸起或为狭长的颈状，顶端具开口，底部平，透明或褐色，前端具伸出的细丝状伪足。细胞具1个或2个片状色素体，周位，无眼点，后部具1个或2个伸缩泡。

　　一般分布于池塘、湖泊等水体中，着生于丝状藻类或其他藻体上。

1. 长颈金瓶藻（图2-4）

Lagynion macrotrachelum (Stokes) Pascher, 1912; Yamagishi, 1992, p. 20, pl. 6, fig. 3.

　　植物体为单细胞。囊壳褐色，烧瓶形，基部平，领长呈圆柱形，前端开口处扩大呈喇叭状，伪足从开口伸出。囊壳基部直径7～10 μm，颈长4～8 μm。

图2-4　长颈金瓶藻

黄群藻纲 Synurophyceae　黄群藻目 Synurales

鱼鳞藻科 Mallomonadaceae

鱼鳞藻属 *Mallomonas* Perty 1852

　　植物体单细胞。细胞呈球形、卵形、圆柱形、长圆形、纺锤形等，前端具有1条鞭毛，色素体有2个，周位，片状，细胞核1个，无眼点。细胞表面覆盖硅质鳞片，硅质鳞片具刺毛或不具刺毛。鳞片及刺毛的形状和亚显微结构特征是种类鉴定的主要依据。

　　分布于水坑、湖泊、池塘和沼泽中。

1. 阿洛盖鱼鳞藻（图2-5）

Mallomonas allorgei (Deflandre) Conrad, 1933; Yamagishi, 1992, p. 21, pl. 6, fig. 11.

　　细胞椭圆形，前后两端窄圆，表质上具规则的硅质鳞片，无刺毛。细胞长25～28 μm，宽17～19 μm。

2. 华美鱼鳞藻（图2-6）

Mallomonas splendens (West) Playfair, 1913; Yamagishi, 1992, p. 22, pl. 6, fig. 14.

　　细胞长梭形，前端和后端圆锥状狭窄，两端各具2～4条刺毛，表质上具螺旋状排列的硅质鳞片。细胞长37～40 μm，宽10～12 μm，刺毛长15～20 μm。

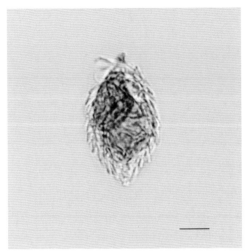
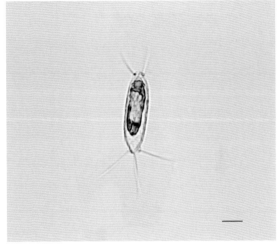

图2-5　阿洛盖鱼鳞藻　　　　　图2-6　华美鱼鳞藻

3. 光滑鱼鳞藻（图2-7）

Mallomonas tonsurata (Teiling) Krieger, 1930; 魏印心, 2018, p. 95, pl. LX, figs. 1-6.

　　细胞卵圆形、宽卵圆形、椭圆形，表质具规则的硅质鳞片，仅细胞前部的1/3覆盖刺。细胞长16～2 μm，宽10～12 μm，刺长10～25 μm。

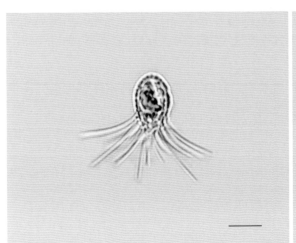
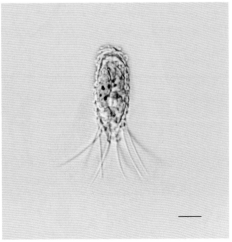

图2-7　光滑鱼鳞藻

4. 具尾鱼鳞藻（图2-8）

Mallomonas caudata (Iwanoff) Krieger, 1930; 魏印心, 2018, p. 55-56, pl. XXVI, figs. 1-7.

　　细胞椭圆形、卵形，有尾或无尾，顶部鳞片的刺毛较短，体部鳞片上具较长和较短的散生分布的刺毛，体部后端鳞片刺毛较长。细胞长45~65 μm，宽16~25 μm，刺长20~92 μm。

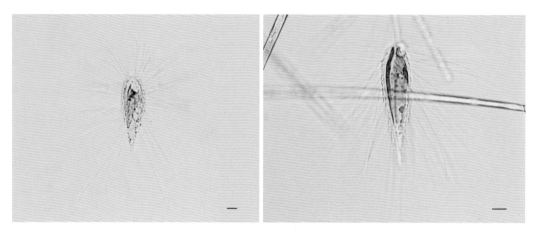

图2-8　具尾鱼鳞藻

黄群藻纲 Synurophyceae　黄群藻目 Synurales　黄群藻科 Synuraceae
黄群藻属 *Synura* Ehrenberg 1834

　　植物体为群体，自由运动，球形或椭圆形，细胞互相连接呈放射状排列，无群体胶被。细胞呈长卵形或梨形，表质外具有许多覆瓦状排列的硅质鳞片，前端具2条略不等长的鞭毛。原生质体具数个伸缩泡；细胞后端具2个片状色素体，黄褐色，周位，位于细胞两侧，无眼点。种类的鉴定主要根据鳞片的亚显微结构特征和分子生物学的数据。

　　分布于水坑、稻田、池塘、湖泊和沼泽中，有时大量生长，使水体呈棕色并产生腥臭味。

1. 黄群藻（图2-9）

Synura uvella (Ehrenberg) Korshikov 1929; Kristiansen and Preisig, 2007, p. 113, fig. 79.

　　群体大，球形，直径60~120 μm。细胞卵形；色素体2个，片状。细胞长16~30 μm，宽6~10 μm。

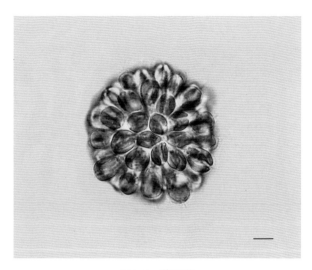

图2-9　黄群藻

2. 彼得森黄群藻（图2-10）

Synura petersenii Korshikov, 1929; Kristiansen and Preisig, 2007, p. 116, fig. 80.

群体球形，直径40～60 μm。细胞梨形，尾长；色素体2个，片状。细胞长20～30 μm，宽8～12 μm。

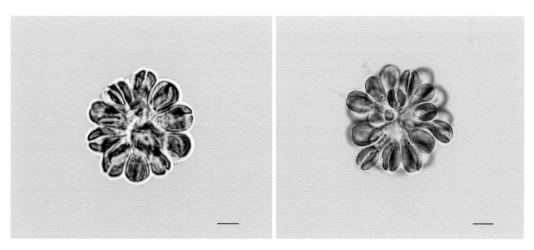

图2-10　彼得森黄群藻

3. 具刺黄群藻（图2-11）

Synura spinosa Korshikov, 1929; Kristiansen and Preisig, 2007, p. 111, pl. 76.

群体长圆形，长60～100 μm，宽30～36 μm。细胞卵形；色素体2个，片状；光学显微镜下可见细胞表面的鳞片顶端具刺。细胞长2～6 μm，宽2～4 μm。

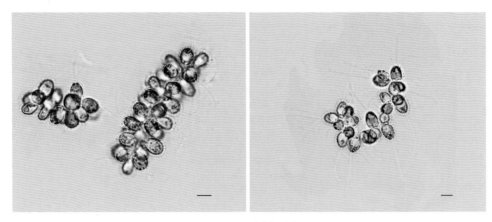

图2-11　具刺黄群藻

硅鞭藻纲Dictyochophyceae　硅鞭藻目Dictyochales
硅鞭藻科Dictyochaceae
硅鞭藻属 *Dictyocha* Ehrenberg 1837

植物体单细胞，球形，前端具一条鞭毛，细胞内有硅质骨骼，外面被原生质包裹，原生质内含有许多金褐色的叶绿体。骨骼坚硬，分为基环、基支柱和中心柱。

在中国沿海地区广泛分布于河口中。

1. 小等刺硅鞭藻（图2-12）
Dictyocha fibula Ehrenberg, 1839; 郭皓, 2004, p. 95, pl. 4, fig. 99.

硅质骨骼的基环呈正方形或菱形，每角有一放射棘，基环每边近中央处有基支柱伸出，并与中心柱连接，形成4个基窗。

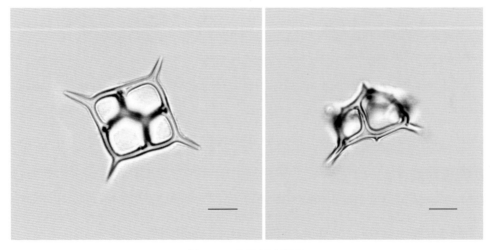

图2-12　小等刺硅鞭藻

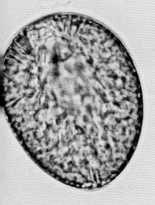

黄 藻 门

Xanthophyta

　　黄藻为单细胞、群体丝状体或多核管状体。大多数种类营养体不具鞭毛，繁殖时产生双鞭毛的孢子或配子。针胞藻类营养体具2条不等长的鞭毛。

　　黄藻的细胞壁常由2个半片套合而成，化学成分主要是纤维素与果胶质。细胞核小，多数类群为单核，管状体为多核。色素体1至多数，盘状、片状或带状；含叶绿素a和叶绿素c，光合作用产物为油和白糖素。

　　黄藻多以无性生殖方式繁殖，产生游动孢子、似亲孢子或不动孢子，动孢子具2条不等鞭毛。有性生殖见于丝状或管状类群中。

　　黄藻以淡水生活为主，一般在贫营养、温度较低的水中生长旺盛；有的种类生活在潮湿的土表，极少数生活于海水中。

　　世界已报道的黄藻约有100余属600余种，大多数分布于沼泽小水体中，真正浮游种类并不多。本书收录4属4种1变种。

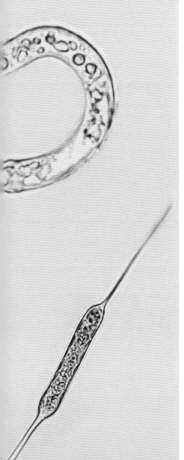

黄藻纲 Xanthophyceae   杂球藻目 Mischococcales
刺棘藻科 Centritractaceae
刺棘藻属 *Centritractus* Lemmermann 1900

　　植物体单细胞，椭圆形、长筒形，直或略弯曲，两端各具一细长的刺。成熟细胞由 2 个不等长半片套合而成。色素体 1 至多数，片状或卷曲带状，周位。

　　生活在池塘、沼泽等小水体中。

1. 比里刺棘藻（图 3-1）
Centritractus belenophorus (Schmidle)
　　Lemmermann, 1900; 王全喜等, 2007,
　　p. 13, fig. 10.

　　植物体单细胞，长筒状，直或略弯，两端各具一细长的刺。细胞内色素体 1 至多数，周位，片状。细胞长 10~16 μm，宽 5~8 μm，刺长 20~28 μm。

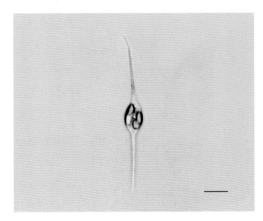

图 3-1   比里刺棘藻

黄藻纲 Xanthophyceae   杂球藻目 Mischococcales
黄管藻科 Ophiocytiaceae
黄管藻属 *Ophiocytium* Nägeli 1849

　　植物体单细胞，浮游或着生。细胞长圆柱形，长为宽的数倍。着生种类细胞较直，基部具短柄着生在他物上。浮游种类细胞弯曲或不规则地螺旋卷曲，两端圆形或有时略膨大，一端或两端具刺，或两端都不具刺。细胞壁由不相等的 2 节片套合组成。幼植物体单核，成熟后多核。色素体 1 至多数，周位，盘状、片状或带状。

　　常分布于池塘、沼泽等小水体中，浮游或底部附着。

1. 小型黄管藻（图 3-2）
Ophiocytium parvulum (Petry) Braun, 1855;
　　王全喜等, 2007, p. 27, fig. 25.

　　细胞长圆柱形，卷曲，两端圆形，不具刺。色素体数个，片状。细胞宽 7~9 μm，长为宽的 6~8 倍。

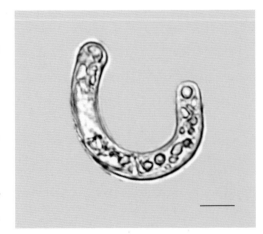

图 3-2   小型黄管藻

2. 头状黄管藻长刺变种（图3-3）

Ophiocytium capitatum var. ***longispinum*** (Moebius) Lemmermann, 1899; 王全喜等，
2007, p. 29, fig. 27.

植物体单细胞，管状，两端各具一长刺。细胞长55～61 μm，宽8～9 μm，刺长
40～50 μm。

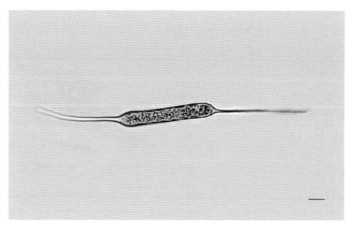

图3-3　头状黄管藻长刺变种

黄藻纲 Xanthophyceae　黄丝藻目 Tribonematales
黄丝藻科 Tribonemataceae
黄丝藻属 *Tribonema* Derbès et Solier 1851

植物体为不分枝的丝状体。细胞圆柱形或两侧略膨大的
腰鼓形，长为宽的数倍，细胞壁由"H"形的2节片套合组
成。色素体1至多数，周位，盘状、片状或带状，无蛋白核，
具单核。

分布于池塘、沟渠等小水体中，常见于冬春季。

1. 单一黄丝藻（图3-4）

Tribonema monochloron Pascher et Geitler, 1925; 王全喜等，
2007, p. 46, fig. 45.

植物体为单列不分枝的丝状体。细胞圆柱形或桶形，细胞
壁薄，透明且光滑。色素体1～2个，周位，环带状。细胞长
8～12 μm，宽2.5～3 μm。

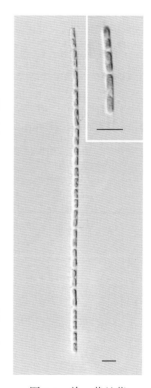

图3-4　单一黄丝藻

针胞藻纲 Raphidophyceae　卡盾藻目 Chattonellales
周泡藻科 Vacuolariaceae
膝口藻属 *Gonyostomum* (Ehrenberg) Diesing 1866

　　细胞纵扁，正面观卵形或圆形。鞭毛2条，顶生，等长或不等长。色素体多数，盘状，散生于周质层以内的细胞质中，无眼点。储蓄泡大型，位于细胞前端，纵切面呈三角形，前端经胞咽开口于细胞顶端凹入处。伸缩泡大型，位于胞咽的一侧。刺丝胞多数，多为杆状，放射状排列在周质层内面或分散在细胞质中。核大型，中位。

　　长江下游两岸地区常见种类，喜生于富营养的鱼池、小池塘中。

1. 膝口藻（图3-5）

Gonyostomum semen (Ehrenberg) Diesing, 1866; 胡鸿钧和魏印心, 2006, p. 297, pl. VIII-5, figs. 3-4.

　　细胞背腹纵扁，中央具浅凹纵沟，正面观为长倒卵形，前端宽圆，后端渐尖呈短尾状。鞭毛2条，不等长，顶生。周质无色，外膜平滑。刺丝胞棒状，多数，散生于周质层内面。色素体多数，长圆盘状，鲜绿色，分放于周质层以内的细胞质表层内。细胞长40~65 μm，宽30~45 μm。

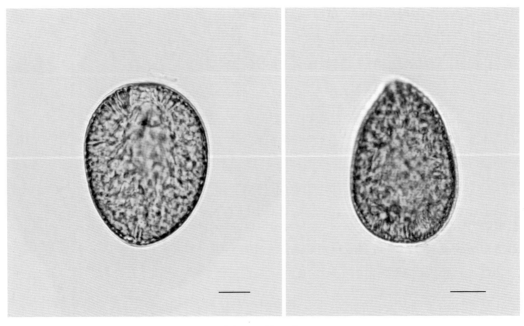

图3-5　膝口藻

隐 藻 门

Cryptophyta

隐藻绝大多数是具鞭毛的单细胞藻类，无细胞壁，具柔软到坚硬的周质。细胞椭圆形、卵形、倒卵形或豆形，前端较宽，钝圆或斜向平截，显著纵扁，背侧略凸，腹侧平直或凹入，腹侧前端偏于一侧具向后延伸的纵沟。具2条稍不等长的茸鞭型鞭毛，自腹侧前端伸出。色素体1～2个，片状；含叶绿素a和叶绿素c，光合产物是淀粉和油。

隐藻以细胞分裂的方式进行繁殖，未发现有性生殖。

隐藻在淡水、海水中都有分布，淡水中主要分布于湖泊、池塘和河流中，在长江下游地区富营养化的小水体中尤为多见，秋季常成为优势种。

世界已报道的隐藻有18属约200种，虽然种类不多，但却是湖泊、池塘的常见种。本书收录2属4种。

隐藻纲 Cryptophyceae　隐藻目 Cryptales　隐藻科 Cryptomonadaceae
蓝隐藻属 *Chroomonas* Hansgirg 1885

细胞长卵形、圆锥形，前端斜截形或平直，后端钝圆或渐尖，背腹扁平，纵沟或口沟不明显。鞭毛2条，不等长。色素体多为1个，有的种类为2个，盘状，周位，蓝色或蓝绿色。蛋白核1个，位于细胞中央或后半部。

广布于湖泊、河流、池塘等水体中，个体小，但数量多。冬季在湖泊、长江干流中，常形成优势种。

1. 尖尾蓝隐藻（图4-1）

Chroomonas acuta Utermöhl, 1925; 胡鸿钧和魏印心, 2006, p. 423, pl. XI-1,

　　figs. 1-3.

细胞纺锤形，前端宽，斜截形，后端尖细，向腹侧弯曲。纵沟短，无刺丝胞。色素体1个，暗绿色。鞭毛2条，约与细胞等长。细胞长18～20 μm，宽8～11 μm。

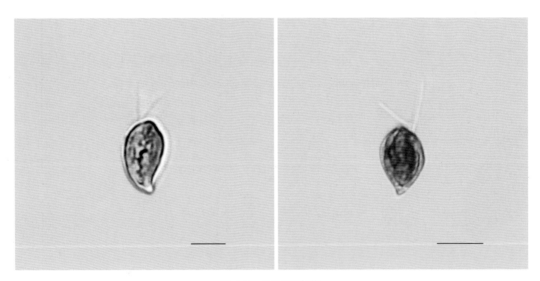

图4-1　尖尾蓝隐藻

2. 具尾蓝隐藻（图4-2）

Chroomonas caudata Geitler, 1924; 胡鸿钧和魏印心, 2006, p. 423, pl. XI-1, fig. 9.

细胞卵形，侧扁，背部略隆起，腹侧平，前端宽，斜截形，向后渐狭，末端呈尾状，向腹侧弯曲。鞭毛2条，不等长，两纵列刺丝胞颗粒位于纵沟两侧。色素体1个，片状，周位，蓝绿色。细胞长18～26 μm，宽10～14 μm。

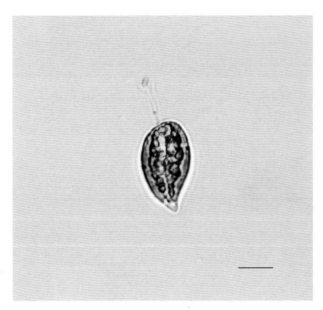

图4-2　具尾蓝隐藻

隐藻属 *Cryptomonas* Ehrenberg 1831

细胞椭圆形、豆形、卵形、圆锥形、纺锤形或"S"形，背腹扁平，背部明显隆起，腹部平直或略凹入。细胞前端钝圆或斜截形，后端钝圆形。腹侧具明显口沟。鞭毛2条，通常短于细胞长度。色素体1个或2个，黄绿色、黄褐色或红色。细胞核1个，位于细胞后端。

广泛分布于湖泊、池塘、河流、沟渠等水体中，在秋冬季常形成优势种。

1. 卵形隐藻（图4-3）

Cryptomonas ovata Ehrenberg, 1832; 胡
　鸿钧和魏印心, 2006, p. 425, pl. XI-1,
　figs. 4-5.

细胞长卵形，前端为明显的斜截形，顶端斜凸状，后端宽圆形。细胞大多略扁平。细胞大小变化很大，长42～55 μm，宽22～27 μm。

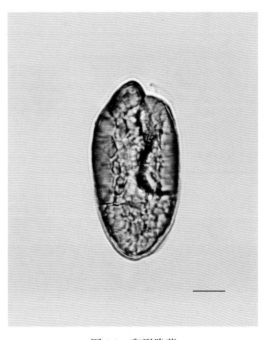

图4-3　卵形隐藻

2. 啮蚀隐藻（图4-4）

Cryptomonas erosa Ehrenberg, 1832; 胡鸿钧和魏印心, 2006, p. 425, pl. XI-1, figs. 6-8.

　　细胞倒卵形，前端背角突出略呈圆锥形，顶部钝圆。细胞有时弯曲，纵沟不明显，腹部通常平直，鞭毛与细胞等长。色素体2个，绿色、褐绿色、金褐色或淡红色。细胞长15～30 μm，宽8～15 μm。

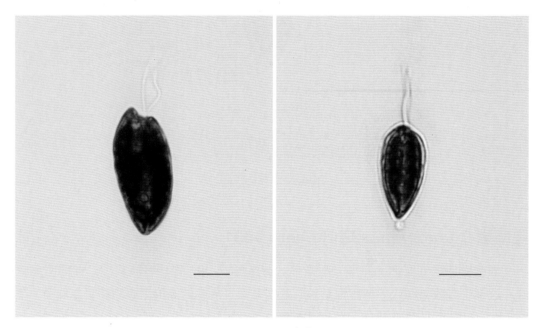

图4-4　啮蚀隐藻

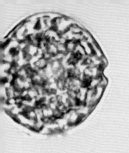

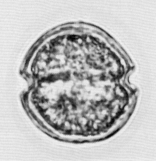

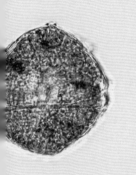

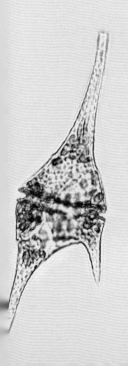

甲 藻 门

Dinophyta

　　甲藻绝大多数是单细胞，具2条不等长的鞭毛；极少数为丝状体，仅在生殖时游动细胞具鞭毛。

　　甲藻细胞裸露或具细胞壁，细胞壁薄或厚而硬，富含纤维素。纵裂甲藻由左右2个半片组成；无纵沟和横沟；2条鞭毛顶生，一条茸鞭型，一条尾鞭型。横裂甲藻细胞壁由多个板片嵌合而成，板片的形态构造和组合是分类的依据，具背腹之分；多具一横沟和一纵沟；2条鞭毛侧生，从横沟与纵沟交叉处的鞭毛孔伸出，一条在横沟中，茸鞭型，称横鞭毛，另一条沿纵沟向后方伸出，尾鞭型，称纵鞭毛。

　　甲藻细胞核很大，分裂间期染色体呈致密的螺旋状，不消失。核分裂时，核膜与核仁也不消失。绝大多数甲藻具多个盘状色素体，能够进行光合作用，极少数种类无色，含叶绿素a和叶绿素c，辅助色素有β-胡萝卜素和几种叶黄素，其中最重要的是多甲藻素，由于黄色色素含量较高，使色素体呈黄绿色、橙色、褐色，光合产物是淀粉和油。

　　甲藻的繁殖方式以细胞分裂为主，少数产生游动孢子、不动孢子或厚壁休眠孢子，极少数具有同配的有性生殖。

　　甲藻以海产为主，但在淡水环境中也广泛分布，常在一些湖泊、池塘中形成优势种。

　　世界已报道的甲藻约有130属1000余种，在长江下游区域的湖泊、池塘、河流，以及河口区广泛分布，有时形成优势种。甲藻虽然很常见，但种的鉴定困难，记录的有照片的属种并不多，本书收录5属8种。

甲藻纲Dinophyceae　多甲藻目Peridiniales　裸甲藻科 Gymnodiniaceae

裸甲藻属 *Gymnodinium* Stein 1878

植物体单细胞，卵形到近圆球形，有的具小凸起，大多数近两侧对称。细胞前后两端钝圆或顶端钝圆末端狭窄，上锥部和下锥部等大，或上锥部较大，或下锥部较大。多数背腹扁平。横沟明显，通常环绕细胞一周。

广泛分布于湖泊、池塘、河流等水体中，有时可形成优势种。

1. 裸甲藻（图5-1）

Gymnodinium aeruginosum Stein, 1883; 胡鸿钧和魏印心，2006, p. 431, pl. XII-1, fig. 2.

细胞近卵形，背腹显著扁平。上锥部铃形，钝圆；下锥部稍宽，底部末端平。横沟环状；纵沟宽，向上伸入上锥部，向下达锥部末端。色素体多数，小盘状，褐绿色或绿色。细胞长22～27 μm，宽20～24 μm。

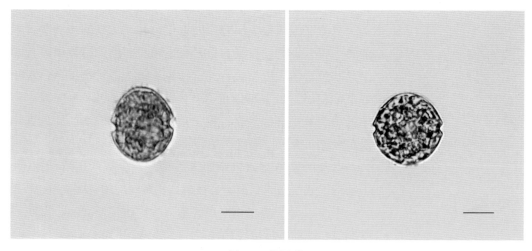

图5-1　裸甲藻

薄甲藻属 *Glenodinium* (Ehrenberg) Stein 1883

细胞球形到长卵形，近两侧对称，不侧扁，具明显的细胞壁，大多数为整块，少数由多角形的大小不等的板片组成，板片表面通常为平滑的，无网状窝孔纹，有时具乳头状凸起。横沟位于中间或略偏于下锥部，环状环绕，无或很少有螺旋环绕的；纵沟明显。色素体多数，盘状，金黄色到暗褐色。

广泛分布于湖泊、池塘、河流等水体中，是湖泊、池塘中常见种。

1. 薄甲藻（图5-2）

Glenodinium pulvisculus (Ehrenberg) Stein, 1883; 胡鸿钧和魏印心, 2006, p. 432, pl. XII-1, fig. 5.

细胞近球形，前后两端宽圆，上锥部和下锥部几乎相等，细胞壁薄。色素体多数，圆盘状，淡黄色。细胞长25～30 μm，宽26～31 μm。

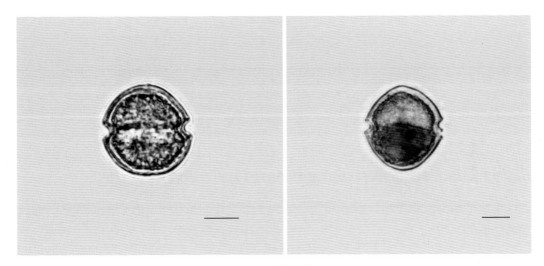

图5-2 薄甲藻

甲藻纲 Dinophyceae 多甲藻目 Peridiniales 多甲藻科 Peridiniaceae
多甲藻属 *Peridinium* Ehrenberg 1830

淡水种类细胞常为球形、椭圆形到卵形，罕见多角形，略扁平，顶面观常呈肾形，背部明显凸出，腹部平直或凹入。纵沟和横沟显著，沟边缘有时具刺状或乳头状凸起。通常上锥部较长而狭，下锥部短而宽。有时顶极为尖形，有孔或无，有的种类底极显著凹陷。板片光滑或有花纹。细胞具明显的甲藻液泡，色素体常多数，颗粒状，周位，黄绿色、黄褐色或褐红色，具眼点或无，有的种类具蛋白核。

广泛分布于湖泊、池塘、河流等水体中，有时形成优势种。

1. 楯形多甲藻（图5-3）

Peridinium umbonatum Stein, 1883; 刘国祥等, 2008, p. 763, figs. 6(A-I), 11(G).

细胞卵形，背腹轻微扁平，具顶孔。上锥部呈锥形，略大于下锥部，下锥部底圆，板片具浅纹。细胞长35～40 μm，宽32～35 μm。

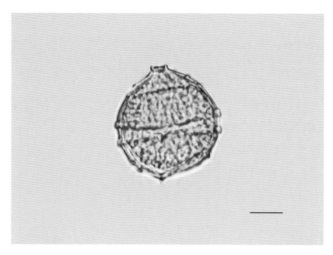

图 5-3　楯形多甲藻

拟多甲藻属 *Peridiniopsis* Lemmermann 1904

细胞椭圆形或圆球形，上锥部等于或大于下锥部。板片可以具刺的似齿状凸起或翼状纹饰。

广泛分布于湖泊、池塘、河流等水体中。

1. 波吉拟多甲藻（图 5-4）

Peridiniopsis borgei Lemmermann, 1904; 张琪等, 2012, p. 752, fig. 2(A-F).

细胞圆形或卵形，背腹略扁平。上下锥部近等长，上锥部略呈锥形，下锥部宽圆。横沟左旋；纵沟稍延伸至上锥部，向下变宽但没有延伸至底端。色素体带状，数个，棕黄色。细胞长 50～58 μm，宽 52～56 μm。

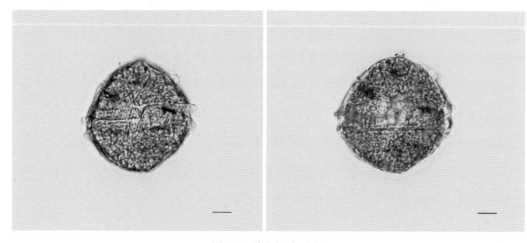

图 5-4　波吉拟多甲藻

2. 佩纳形拟多甲藻（图5-5）

Peridiniopsis penardiforme (Lindemam)
Bourrelly, 1968; 胡鸿钧和魏印心, 2006,
p. 437, pl. XII-2, figs. 12-15.

　　细胞球形，背腹明显扁平，具顶孔。上锥部圆锥形，下锥部扁半球形且底部凹陷，上锥部与下锥部约等大。横沟近环形；纵沟宽，略伸入上锥部，向下达下锥部末端。细胞长28～32 μm，宽30～33 μm。

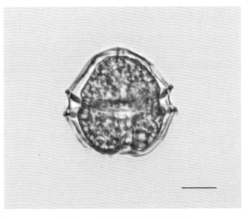

图5-5　佩纳形拟多甲藻

3. 倪氏拟多甲藻（图5-6）

Peridiniopsis niei Liu et Hu 2008; 张琪等, 2012, p. 758, fig. 6(A-H).

　　细胞五边形，背腹极扁平。上锥部明显大于下锥部，上锥部三角形，下锥部梯形，底部截平或凹陷，通常饰有两根底刺。横沟稍左旋；纵沟宽，延伸至底端。板片表面饰有不规则乳突状孔纹。叶绿体棕黄色，多数，盘状。细胞长35～40 μm，宽31～34 μm。

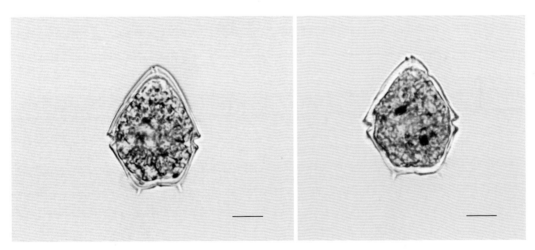

图5-6　倪氏拟多甲藻

甲藻纲 Dinophyceae　多甲藻目 Peridiniales　角甲藻科 Ceratiaceae
角甲藻属 *Ceratium* Schrank 1793

　　植物体单细胞。细胞具1个顶角和2～3个底角，顶角末端具顶孔，底角末端开口或封闭。横沟位于细胞中央，细胞腹面中央为斜方形透明区；纵沟位于腹区左侧，透明区右侧为一锥形沟。壳面具网状窝孔纹。

　　广泛分布于湖泊、河流、水库、池塘、河口等水体中，常形成优势种。

1. 角甲藻（图5-7）

Ceratium hirundinella (Müller)
　　Dujardin, 1841; 胡鸿钧和魏印心，
　　2006, p. 438, pl. XII-2, fig. 16.

　　细胞背腹显著扁平。顶角狭长，平直而尖，具顶孔；底角2～3个，放射状，末端多数尖锐，平直或呈各种形式的弯曲。横沟几乎呈环状；纵沟不伸入上锥部，较宽，几乎达不到下锥部末端。壳面具粗大的窝孔纹，孔纹间具短的或长的棘。色素体多数，圆盘状，周位，黄色至暗褐色。细胞长150～260 μm。

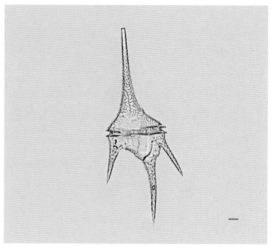

图5-7　角甲藻

2. 拟二叉角甲藻（图5-8）

Ceratium furcoides (Levander) Langhans 1925; 谭好臣等，2020, p. 786, fig. 1.

　　细胞窄纺锤形，背腹显著扁平。顶角狭长，渐尖；底角宽短，2～3个。壳面具粗大的窝孔纹，孔纹间具短的或长的棘。色素体多数，圆盘状，周位，黄色至暗褐色。细胞长160～240 μm。

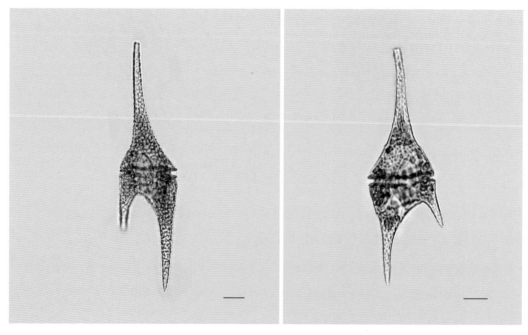

图5-8　拟二叉角甲藻

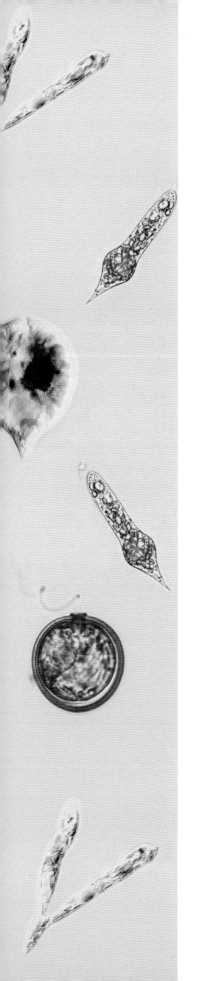

裸 藻 门

Euglenophyta

  裸藻绝大多数为单细胞，只有极少数是由多个细胞聚合成的不定群体，体形多样，有纺锤形、卵形、圆柱形、椭圆形等。细胞表面具线纹，细胞形状和表质线纹的走向是裸藻分类的重要依据。裸藻具两条不等长鞭毛，一条为游动鞭毛，另一条起平衡作用，弯向后方，为拖曳鞭毛。大多数裸藻具红色眼点，具有对光发生反应的作用，是绿色裸藻类特有的结构——光感受器。

  裸藻属于真核生物，藻细胞无细胞壁，在长期演化的过程中，表质特化的程度不一，有些表质软的种类形状易变，可产生"裸藻状蠕动"，表质半硬化的种类，形状能略改变，但不产生"裸藻状蠕动"，而表质完全硬化的裸藻则形状固定，无法产生"裸藻状蠕动"。大多数裸藻具色素体，色素体的有无、色素体的形状、色素体中蛋白核的有无及形状是裸藻分类的重要依据。部分绿色裸藻细胞外具囊壳，其形状及纹饰可作为该部分裸藻的分类依据。某些无色裸藻具有复杂的杆形细胞器——杆状器，是用来摄食的，因此也被称作摄食器。裸藻的光合产物主要为副淀粉，在细胞内聚合成各种形状的颗粒——副淀粉粒，副淀粉粒有杆形、环形、圆盘形、球形、椭圆形等，副淀粉粒的大小及形状也是鉴定裸藻种类的一个重要特征。

  裸藻分布广泛，常见于淡水水体中，几乎各种小水体都有，包括水库、湖泊、池塘、小积水等，在长江下游地区分布广泛。裸藻也存在于海洋、土壤和有些动物的直肠系膜中。裸藻的营养方式决定了大多数裸藻喜生于有机质较为丰富的环境中，甚至在有机污染的环境中也有它们的身影，有的裸藻特别耐有机污染，因此对有机污染有一定的指示作用。

  裸藻的分类近年来变化较大，特别是绿色裸藻类，依据分子生物学数据，许多常见的类群分类地位也发生了变化。在AlgaeBase中收录了淡水绿色裸藻15属950余种，本书收录常见裸藻6属62种19变种。

裸藻纲Euglenophyceae　裸藻目Euglenales　裸藻科Euglenaceae 裸藻属*Euglena* Ehrenberg 1832

细胞易变，大多数表质柔软，具裸藻状蠕动，运动时多呈圆柱形或纺锤形，细胞外具螺旋形线纹。色素体1至多数，呈球形、星形、瓣裂状或片状，蛋白核有或无。小颗粒状副淀粉粒呈椭圆形、短杆形或卵形等。

广泛分布于池塘、湖泊、沟渠等水体中，喜生于含氮量高的小水体中，特别是在一些养鱼池中，可以形成优势种。

1. 齿形裸藻（图6-1）

Euglena laciniata Pringsheim, 1956; 施之新, 1999, p. 63, pl. XVIII, fig. 7.

细胞纺锤形，表质柔软，易变形，前端圆形或斜截形，后端逐渐变尖呈尾状。色素体星形，数个，周位，具带副淀粉鞘的蛋白核。副淀粉粒卵形或椭圆形，数个，多集中于细胞中央。细胞长61~66 μm，宽16~26 μm。

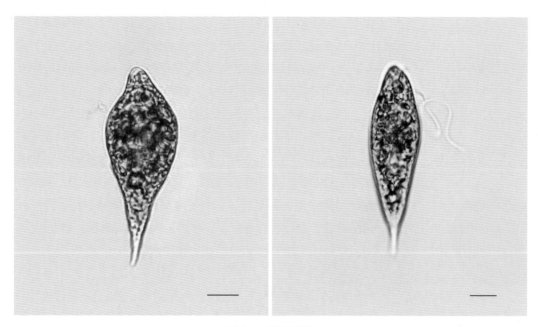

图6-1　齿形裸藻

2. 血红裸藻（图6-2）

Euglena sanguinea Ehrenberg, 1832; 施之新, 1999, p. 64, pl. XVIII, figs. 8-11.

细胞纺锤形，易变形，前端斜截状，后端渐尖呈尾状。叶绿体星形，数个，中央为具副淀粉鞘的蛋白核。副淀粉粒小，卵形颗粒状。核中位或中后位。眼点明显。细胞长35~170 μm，宽17~44 μm。本种在小型水体中可形成红色膜状水华。

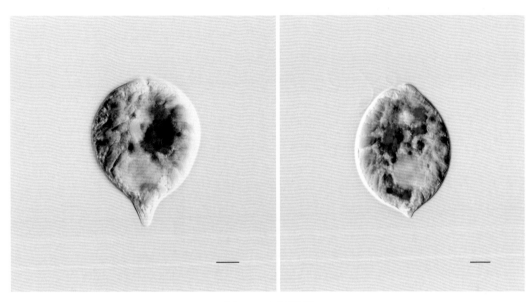

图6-2　血红裸藻

3. 群居裸藻（图6-3）

Euglena sociabilis Dangeard, 1901; 施之
　　新, 1999, p. 66-67, pl. XX, fig. 1.

　　细胞呈圆柱状纺锤形，表质柔软，易
变形，前端钝圆，后端逐渐变尖呈尾状。
色素体呈片状，具带副淀粉鞘的蛋白核。
副淀粉粒椭圆形或杆形小颗粒状，数个。
细胞长88～100 μm，宽20～25 μm。

4. 纤细裸藻（图6-4）

Euglena gracilis Klebs, 1883; 施之新,
　　1999, p. 67, pl. XX, figs. 3-6.

　　细胞纺锤形或圆柱形，表质柔软，易
变形，前端圆形或斜截形，后端逐渐变尖
呈尾刺状，表质具螺旋线纹，有时线纹上
具小颗粒。色素体圆盘形，具带副淀粉鞘
的蛋白核。副淀粉粒卵形或圆盘形小颗粒
状。细胞长32～49 μm，宽8～14 μm。

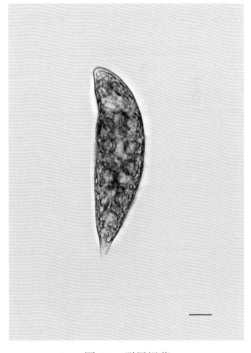

图6-3　群居裸藻

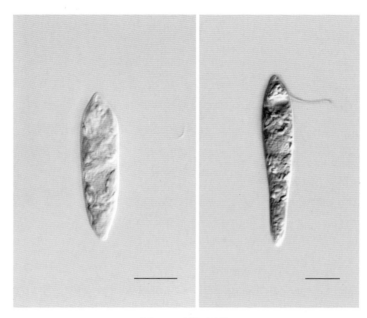

图6-4　纤细裸藻

5. 棒形裸藻（图6-5）

Euglena clavata Skuja, 1948; 施之新, 1999, p. 68, pl. XXI, figs. 4-5.

　　细胞棒形或宽纺锤形，表质柔软，易变形，前端圆形，后端逐渐变尖呈尾刺状。色素体圆盘形，6～9个，具带副淀粉鞘的蛋白核。副淀粉粒卵形或椭圆形。细胞长35～113 μm，宽20～42 μm。

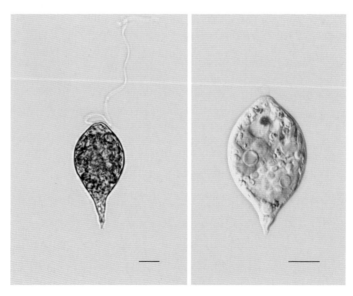

图6-5　棒形裸藻

6. 尖裸藻（图6-6）

Euglena acutata Shi, 1986; 施之新, 1999, p. 70, pl. XXII, figs. 1-2.

细胞长纺锤形或螺旋状扭曲，表质柔软，易变形，前端突出呈圆柱状，顶部钝圆，后端逐渐变尖呈尾刺状。色素体呈圆盘形，数个。副淀粉粒小，杆状或椭圆形，数个。细胞长88~96 μm，宽28~47 μm。

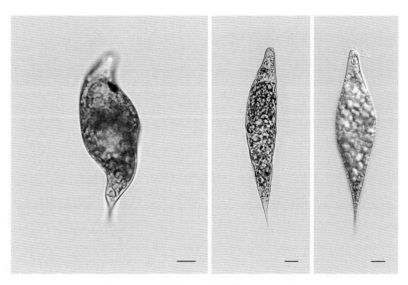

图6-6　尖裸藻

7. 静裸藻（图6-7）

Euglena deses Ehrenberg, 1835; 施之新, 1999, p. 71, pl. XXII, fig. 3.

细胞多为长圆柱形，易变形，前端狭圆形或尖形，后端渐尖呈短尾状，表质具自右向左的螺旋状线纹。叶绿体圆盘状。副淀粉粒杆形或环形。核中位。具淡红色眼点。细胞长56~160 μm，宽7~25 μm。

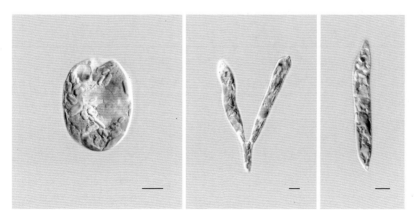

图6-7　静裸藻

8. 带形裸藻（图6-8）

Euglena ehrenbergii Klebs, 1883; 施之新,
　　 1999, p. 73-74, pl. XXIII, figs. 1-4.

　　细胞带形，表质柔软，易变形，前后
端圆形或截形。色素体圆盘状，数个，无
蛋白核。副淀粉粒大，杆状，1至多数，还
有多个小的卵形或杆状副淀粉粒。核中位。
细胞长94～148 μm，宽25～50 μm。

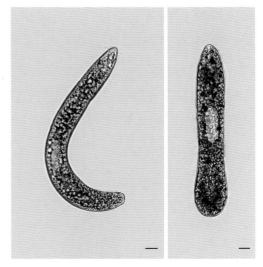

图6-8　带形裸藻

9. 近轴裸藻（图6-9）

Euglena proxima Dangeard, 1901; 施之新,
　　 1999, p. 78, pl. XXV, fig. 6.

　　细胞纺锤形，表质柔软，易变形，前端窄圆形，后端逐渐变尖呈尾刺状。色素体
小，盘形，多数，无蛋白核。副淀粉粒小，卵形或短杆状，多数。细胞长67～90 μm，
宽17～23 μm。

10. 击水裸藻（图6-10）

Euglena demulcens Gojdics, 1953; 施之新, 1999, p. 79, pl. XXV, figs. 4-5.

　　细胞圆柱形，表质柔软，易变形，前端呈圆形或截形，后端逐渐变尖呈尾刺
状。色素体小，盘状，多数，无蛋白核。副淀粉粒卵圆形或杆状，多数。细胞长78～
143 μm，宽10～12 μm。

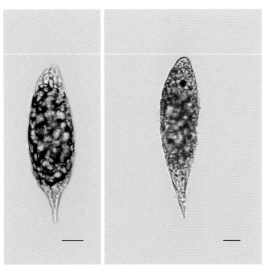

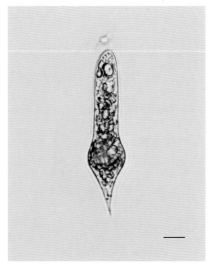

图6-9　近轴裸藻　　　　　　　　　　　图6-10　击水裸藻

11. 梭形裸藻（图6-11）

Euglena acus Ehrenberg, 1832; 施之新, 1999, p. 81-82, pl. XXVI, figs. 8-9.

细胞呈长纺锤形或圆柱形，表质半硬化，略变形，前端窄圆形或截形，后端逐渐变尖呈尾刺状。色素体小，圆盘形或卵形，多数，无蛋白核。副淀粉粒大，长杆状，多数。细胞长100～155 μm，宽6～14 μm。

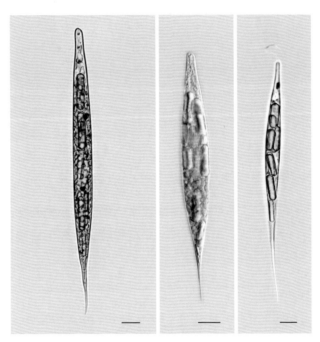

图6-11　梭形裸藻

12. 棕色裸藻（图6-12）

Euglena fusca Lemmermann, 1910; 施之新, 1999, p. 82, pl. XXVII, fig. 1.

细胞扁平带状，略变形，有时呈扭转状，前端圆形，后端收缢呈尖尾状，侧边近平行，表质棕褐色，具自左向右螺旋排列的三角形颗粒。色素体圆盘形，多数，无蛋白核。副淀粉粒大，2个，环形，分别位于核的前后两端。细胞长106～137 μm，宽20～25 μm。

13. 旋纹裸藻（图6-13）

Euglena spirogyra Ehrenberg, 1832; 施之新, 1999, p. 82-83, pl. XXVII, figs. 2-4.

细胞圆柱形，表质半硬化，略变形，前端窄圆形，后端逐渐变尖呈尾刺状，表质具自左向右螺旋排列的方形颗粒。色素体小，盘形，多数，无蛋白核。副淀粉粒大，2个，环状，位于核的前后两端。细胞长81～150 μm，宽11～20 μm。

图6-12   棕色裸藻   图6-13   旋纹裸藻

14. 刺鱼状裸藻（图6-14）

Euglena gasterosteus Skuja, 1948; 施之新, 1999, p. 83-84, pl. XXVI, figs. 6-7.

细胞纺锤形，表质柔软，易变形，前端较窄，斜截状或钝圆状，后端逐渐变尖呈尾刺状。色素体圆盘形，多数，无蛋白核。副淀粉粒大，环形或砖形，位于核的前后两端。细胞长44～56 μm，宽10～19 μm。

15. 尖尾裸藻（图6-15）

Euglena oxyuris Schmarda, 1846; 施之新, 1999, p. 85, pl. XXIX, figs. 1-2.

细胞圆柱形，表质半硬化，略变形，前端平截或圆形，后端逐渐变尖呈尾刺状。

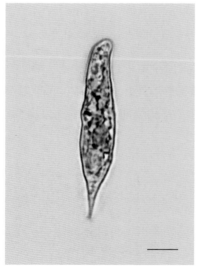
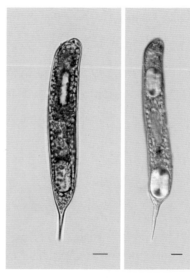

图6-14   刺鱼状裸藻   图6-15   尖尾裸藻

色素体小，盘形，多数，无蛋白核。副淀粉粒大，2个，环形，位于核的前后两端。细胞长132～175 μm，宽18～20 μm。

16. 三棱裸藻（图6-16）

Euglena tripteris (Dujardin) Klebs, 1883; 施之新, 1999, p. 86, pl. XXIX, figs. 4-10.

　　细胞三棱形，表质半硬化，略变形，前端钝圆形，后端逐渐变尖呈尾刺状。色素体小，盘形或卵形，多数，无蛋白核。副淀粉大，杆状，2个。细胞长55～204 μm，宽8～18 μm。

17. 阿洛格裸藻（图6-17）

Euglena allorgei Deflandre, 1924; 施之新, 1999, p. 87-88, pl. XXVIII, figs. 10-11.

　　细胞长纺锤形，表质半硬化，后端逐渐变尖呈尾刺状。色素体小，圆盘形，无蛋白核。副淀粉粒大，杆状，2个，位于核的前后两端。细胞长50～86 μm，宽7～14 μm。

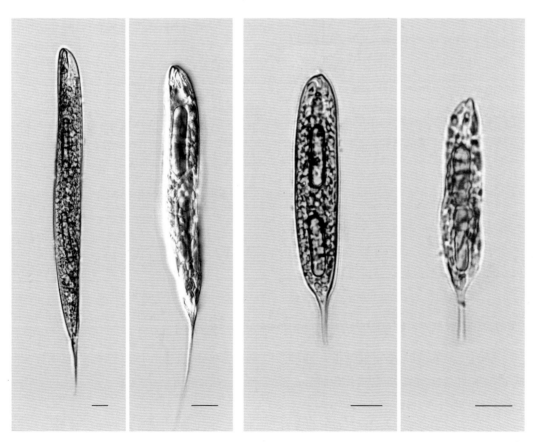

图6-16　三棱裸藻　　　　　　　　　　　图6-17　阿洛格裸藻

柄裸藻属 *Colacium* Ehrenberg 1838

细胞纺锤形、卵圆形或椭圆形，表质具线纹。细胞外具胶质包被，前端具胶质柄或胶垫，向下可附着在浮游动物（如甲壳动物、轮虫等）的体表上，细胞单个或多个连成群体，常从宿主体表脱落并伸出一条鞭毛而形成单个游动细胞。色素体呈圆盘形，有或无蛋白核。

常分布于富营养化的小水体中，附着在浮游动物体表。

1. 单一柄裸藻（图6-18）

Colacium simplex Huber-Pestalozzi, 1955; 施之新, 1999, p. 90-91, pl. XXXI, figs. 6-8.

细胞卵形或卵圆形，表质光滑，前端窄呈尖的圆形，后端宽圆。胶质柄极短。色素体圆盘形，多数，无蛋白核。副淀粉粒小，卵形或椭圆形。细胞长 16～20 μm，宽 10～13 μm。

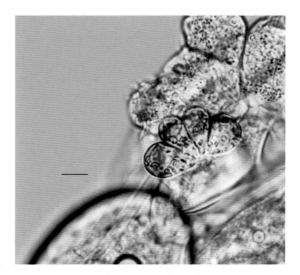

图6-18　单一柄裸藻

2. 延长柄裸藻（图6-19）

Colacium epiphyticum Playfair, 1921; 施之新, 1999, p. 92, pl. XXXI, fig. 10.

细胞椭圆形或圆柱形，表质线纹不明显，前端较后端窄。胶柄二叉状。色素体小，多数，卵圆形。细胞长 15～27 μm，宽 10～20 μm。

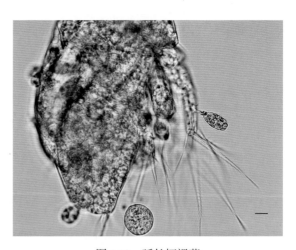

图6-19　延长柄裸藻

囊裸藻属 *Trachelomonas* Ehrenberg 1834

细胞外具囊壳，囊壳呈球形、卵球形、椭圆形或圆柱形，因含铁、锰而呈棕色；囊壳顶端具孔，运动鞭毛从孔内伸出。囊壳外具纹饰，如点状凸起、刺、疣、脊等；囊壳内细胞特征与裸藻属 *Euglena* 相似。

广泛分布于池塘、沼泽、湖泊等水体中，喜生于池塘、沼泽等含铁、锰等金属离子的小水体中。

1a. 旋转囊裸藻（图6-20a）

Trachelomonas volvocina Ehrenberg, 1835; 施之新, 1999, p. 98-99, pl. XXXII: figs. 1-2, pl. LXXIX: fig. 1, pl. LXXX: fig. 1.

囊壳球形，表面光滑。少数鞭毛孔具低领，有环状加厚圈。囊壳直径18～20 μm。

1b. 旋转囊裸藻内颈变种（图6-20b-c）

Trachelomonas volvocina var. ***cervicula*** (Stokes) Lemmermann, 1913; 施之新, 1999, p. 99, pl. XXXII, figs. 3-4.

本变种与原变种的主要区别在于：鞭毛孔向内延伸成一个内管，直向；囊壳直径20～24 μm，内管长4～7 μm。

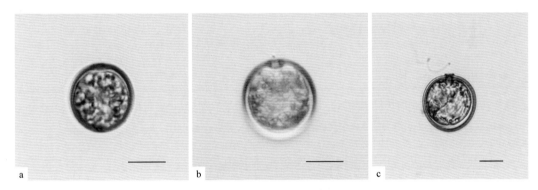

图6-20　旋转囊裸藻及其变种
a. 旋转囊裸藻；b-c. 旋转囊裸藻内颈变种

2. 肋纹囊裸藻（图6-21）

Trachelomonas stokesiana Palmer, 1905; 施之新, 1999, p. 105, pl. XXXIII, fig. 9.

囊壳球形或近球形，表面具纵向排列或略带倾斜的肋纹。鞭毛孔无领。囊壳长11～16 μm，宽9～16 μm。

3. 矩圆囊裸藻（图6-22）

Trachelomonas oblonga Lemmermann, 1900; 施之新等, 1999, p. 110, pl. XXXIV, figs. 12-15.

囊壳矩圆形或椭圆形，褐色或黄褐色，表面光滑。鞭毛孔有或无环状加厚圈，有的具低领。囊壳长12～19 μm，宽9～13 μm。

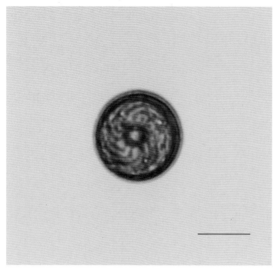

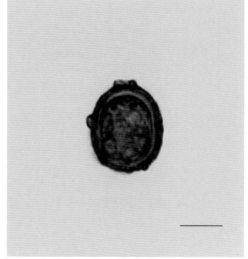

图6-21　肋纹囊裸藻　　　　　　　　　　图6-22　矩圆囊裸藻

4. 普莱弗囊裸藻（图6-23）

Trachelomonas playfairii Deflandre, 1924; 施之新, 1999, p. 111-112, pl. XXXVI: figs. 18-19, pl. LXXXI: fig. 3, pl. LXXXII: fig. 3, pl. LXXXV: fig. 6.

　　囊壳椭圆形或矩圆形，黄褐色，表面光滑无刺。鞭毛孔具领，斜向，领口平齐或具不规则的齿刻。囊壳长28～32 μm，宽18～20 μm；领高3.5～4 μm，宽4～6 μm。

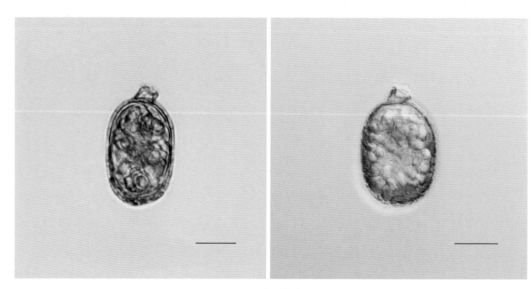

图6-23　普莱弗囊裸藻

5. 马恩吉囊裸藻（图6-24）

Trachelomonas manginii Deflandre, 1926; 施之新, 1999, p. 112-113, pl. XXXVI: fig. 11, pl. LXXXI: fig. 1, pl. LXXXII: fig. 1.

囊壳椭圆形，淡黄色，表面光滑。鞭毛孔具圆柱形的直领。囊壳长33～37 μm，宽19～22 μm；领高3.5～4 μm，宽4～5 μm。

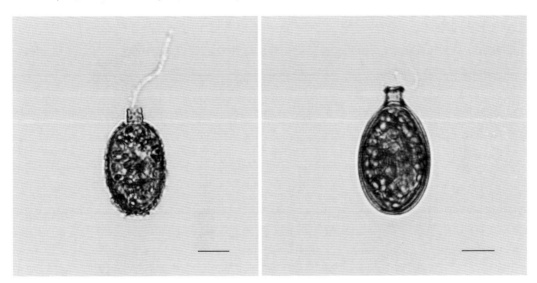

图6-24　马恩吉囊裸藻

6. 圆形囊裸藻（图6-25）

Trachelomonas rotunda (Swirenko) Deflandre, 1924; 施之新, 1999, p. 113-114, pl. XXXIV: fig. 21, pl. LXXIX: fig. 5, pl. LXXX: fig. 5, pl. LXXXV: fig. 2.

囊壳宽椭圆形或近球形，橙红色。鞭毛孔具环状加厚圈，或具略微凸起的领。囊壳长24～25 μm，宽21.5～22 μm。

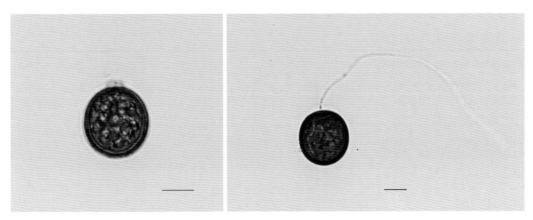

图6-25　圆形囊裸藻

7. 中型囊裸藻微刺变种（图6-26）

Trachelomonas intermedia var. ***spinulosa*** Shi, 1997; 施之新, 1999, p. 115, pl. XXXV, figs. 5-6.

囊壳宽椭圆形或近球形，表面具细密的点纹孔，两端具小的瘤状刺突。鞭毛孔具环状加厚圈，无领。囊壳长16～22 μm，宽13～20 μm。

8. 棘口囊裸藻（图6-27）

Trachelomonas acanthostoma (Stokes) Deflandre, 1926; 施之新, 1999, p. 115, pl. XXXV, figs. 11-12.

囊壳椭圆形，褐色，表面具密集点纹。鞭毛孔具低领，周围有一圈短棘。囊壳长24～28 μm，宽18～22 μm。

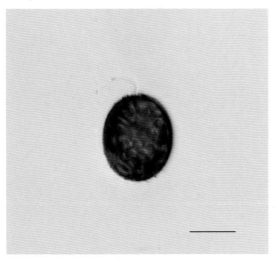

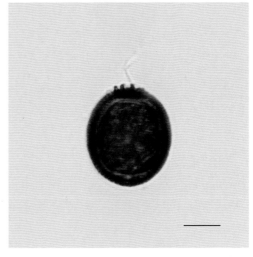

图6-26　中型囊裸藻微刺变种　　　　　　　图6-27　棘口囊裸藻

9. 截头囊裸藻（图6-28）

Trachelomonas abrupta (Swirenko) Deflandre, 1926; 施之新, 1999, p. 116, pl. XXXV: fig. 8, pl. LXXIX: fig. 7, pl. LXXX: fig. 7.

囊壳椭圆状矩圆形，浅黄色或橙黄色，表面具均匀密集的小圆孔纹。鞭毛孔无领，有环状加厚圈。囊壳长26～30 μm，宽20～21 μm。

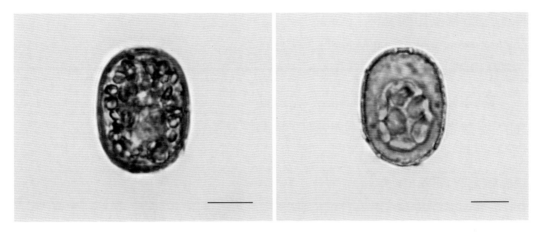

图6-28　截头囊裸藻

10a. 浮游囊裸藻长领变种（图6-29a）

Trachelomonas planctonica var. ***longicollis*** Skvortzow, 1925; 施之新, 1999, p. 119,
　　pl. XXXV, fig. 16.

　　囊壳近球形，褐色，表面具圆孔纹或点孔纹，分布均匀。鞭毛孔具圆柱形长领，
领口有不规则齿刻。囊壳长28～36 μm，宽21～25 μm；领长8～9 μm，宽4～5 μm。

10b. 浮游囊裸藻矩圆变种（图6-29b）

Trachelomonas planctonica var. ***oblonga*** Drezepolski, 1921/1922; 施之新, 1999, p. 119-
　　120, pl. XXXV: figs. 18-20, pl. LXXIX: fig. 8, pl. LXXX: fig. 8.

　　囊壳矩圆形，褐色，表面具圆孔纹或点孔纹，分布均匀。鞭毛孔具领，领口有不
规则齿刻。囊壳长21～29 μm，宽17～19 μm；领长2.6～3 μm。

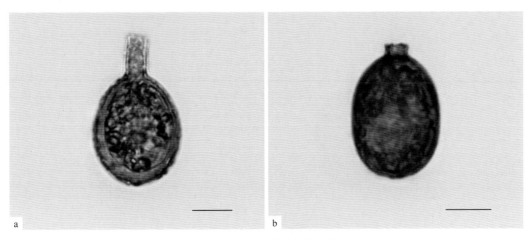

图6-29　浮游囊裸藻的变种
a. 浮游囊裸藻长领变种；b. 浮游囊裸藻矩圆变种

11. 结实囊裸藻矩圆变种（图6-30）

Trachelomonas felix var. ***oblonga*** Shi, 1987; 施
之新, 1999, p. 122, pl. XXXVII, figs. 3-5.

　　囊壳矩圆形，橙色，表面具不规则的瘤
突，两端略狭。鞭毛孔具环状加厚圈。囊壳
长22～27 μm，宽17～20 μm。

12a. 棘刺囊裸藻（图6-31a）

Trachelomonas hispida (Perty) Stein, 1878;
施之新等, 1999, p. 135, pl. XXXIX: fig.
16, pl. LXXXI: fig. 9, pl. LXXXII: fig. 9.

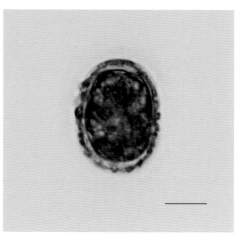

图6-30　结实囊裸藻矩圆变种

　　囊壳椭圆形，表面具锥形刺或乳突，密集或稀疏。鞭毛孔有或无加厚圈。囊壳长
21～33 μm，宽17～24 μm。

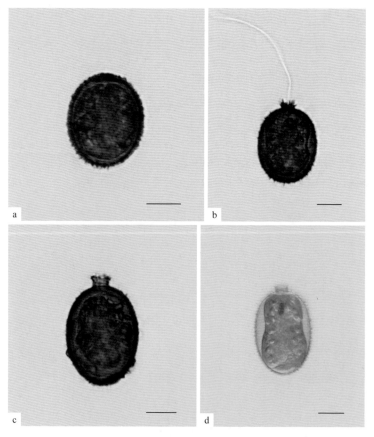

图6-31　棘刺囊裸藻及其变种
a. 棘刺囊裸藻；b. 棘刺囊裸藻具冠变种；c-d. 棘刺囊裸藻齿领变种

12b. 棘刺囊裸藻具冠变种（图6-31b）

Trachelomonas hispida* var. *coronata Lemmermann, 1913; 施之新, 1999, p. 135-136, pl. XXXIX: fig. 18, pl. LXXXIII: fig. 1, pl. LXXXIV: fig. 1.

　　本变种与原变种的主要区别在于：鞭毛孔具一圈锥形尖刺；囊壳长31～40 μm，宽19～23 μm。

12c. 棘刺囊裸藻齿领变种（图6-31c-d）

Trachelomonas hispida* var. *crenulatocollis Lemmermann, 1913; 施之新, 1999, p. 136, pl. XXXIX, fig. 19.

　　本变种与原变种的主要区别在于：鞭毛孔具领，领口开展或直向，具齿刻；囊壳长21～53 μm，宽17～34 μm。

13. 芒棘囊裸藻（图6-32）

Trachelomonas spinulosa (Skvortzow) Deflandre, 1927; 施之新, 1999, p. 137-138, pl. XL, fig. 5.

　　囊壳椭圆形，褐色，表面具细密的芒刺。鞭毛孔具领，呈扩展状，领口具齿刻。囊壳长33～34 μm，宽22～23 μm。

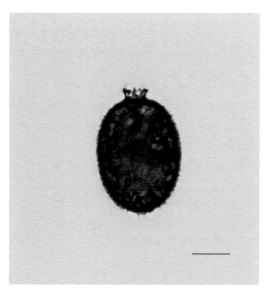

图6-32　芒棘囊裸藻

14. 密刺囊裸藻（图6-33）

Trachelomonas sydneyensis Playfair, 1915; 施之新, 1999, p. 138, pl. XL: figs. 6-7, pl. LXXXIII: fig. 2, pl. LXXXIV: fig. 2, pl. LXXXVI: fig. 4.

囊壳长的椭圆形或倒卵形，淡黄色或透明，表面具密集的细锥刺。鞭毛孔具宽的低领，呈扩展状，领口具齿刻。囊壳长28～37 μm，宽20～23 μm；领高1～2 μm，宽6～7 μm。

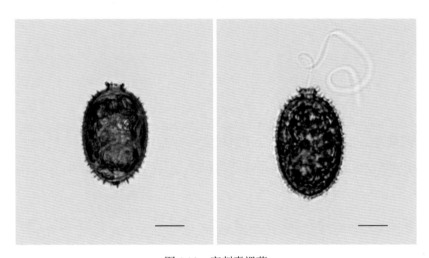

图6-33　密刺囊裸藻

15. 细刺囊裸藻（图6-34）

Trachelomonas klebsii Deflandre, 1926; 施之新, 1999, p. 140, pl. XL, fig. 13.

囊壳圆柱形，深褐色，前端平截状或圆形，后端圆形，两侧近平行，表面具短的密集锥刺。鞭毛孔无领，具环状加厚圈。囊壳长22～25 μm，宽11～15 μm。

16. 奇异囊裸藻近缘变种（图6-35）

Trachelomonas mirabilis var. ***affinis*** Skvortzow, 1925; 施之新, 1999, p. 141, pl. XLI, fig. 3.

囊壳椭圆形，褐色，表面具锥状刺。鞭毛孔具领，领口具向外辐射状的刺形齿刻。囊壳长29～36 μm，宽9～23 μm；领高约3 μm，宽约4 μm。

17. 具棒囊裸藻微小变种（图6-36）

Trachelomonas bacillifera var. ***minima*** Playfair, 1915; 施之新, 1999, p. 143, pl. XL: fig. 17, pl. LXXXIII: fig. 4, pl. LXXXIV: fig. 4.

囊壳椭圆形，两端宽圆，暗褐色，表面具短的棒刺。鞭毛孔无领。囊壳长22～23 μm，宽18～20 μm；刺长1～2.5 μm。

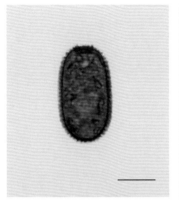
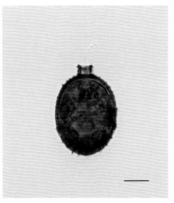
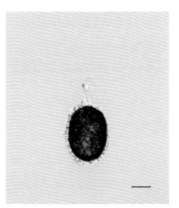

图6-34 细刺囊裸藻　　　　图6-35 奇异囊裸藻近缘变种　　　　图6-36 具棒囊裸藻微小变种

18a. 尾棘囊裸藻（图6-37a）

Trachelomonas armata (Ehrenberg) Stein, 1878; 施之新, 1999, p. 144, pl. XLI, fig. 8.

囊壳卵形或椭圆状卵形，黄褐色或透明，表面光滑，前端窄，后端宽圆且有一圈8～11根的长锥刺，刺略向内弯，长1～9 μm。鞭毛孔具矮领，领口具细齿刻。囊壳长33～34 μm，宽24～25 μm。

18b. 尾棘囊裸藻长刺变种（图6-37b）

Trachelomonas armata var. ***longispina*** (Playfair) Deflandre, 1926; 施之新, 1999, p. 144, pl. XLI, fig. 10.

本变种与原变种的主要区别在于：囊壳表面具短锥刺，后端锥刺特别长且粗壮，长10～23 μm；囊壳长35～42 μm，宽30～34 μm。

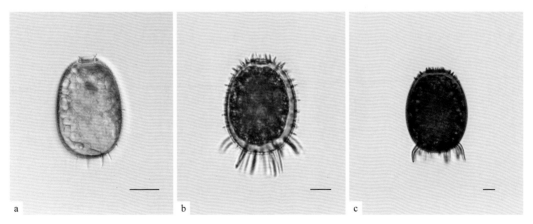

图6-37 尾棘囊裸藻及其变种

a.尾棘囊裸藻；b.尾棘囊裸藻长刺变种；c.尾棘囊裸藻斯坦恩变种

18c. 尾棘囊裸藻斯坦恩变种（图6-37c）

Trachelomonas armata var. ***steinii*** Lemmermann, 1906; 施之新, 1999, p. 145, pl. XLI:
fig. 12, pl. LXXXVI: fig. 7.

本变种与原变种的主要区别在于：囊壳前端和后端都具短锥刺；囊壳长30～38 μm，
宽23～31 μm。

19. 阿尔诺德囊裸藻（图6-38）

Trachelomonas arnoldiana Skovortzow,
1919; 施之新等, 1999, p. 146, pl. XLII:
fig. 1, pl. LXXXIII: fig. 5, pl. LXXXIV:
fig. 5, pl. LXXXVI: fig. 8.

囊壳卵形或梨形，黄褐色，前端窄，后
端宽圆，表面具均匀孔纹。鞭毛孔具直领，
领口呈开展状且具细齿。囊壳长23～33 μm，
宽20～25 μm；领高4.5～6 μm，宽3～4 μm。

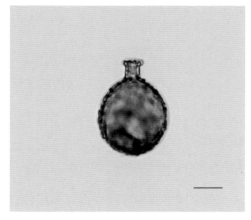

图6-38　阿尔诺德囊裸藻

20. 长梭囊裸藻（图6-39）

Trachelomonas nodsonii Skvortzow, 1925; 施之新, 1999, p. 149, pl. XLII, fig. 13.

囊壳长纺锤形，前端延伸成领，领口略开展具小尖齿，后端渐狭形成杆形尾刺。
囊壳长65～69 μm，宽19～20 μm；领长9～10 μm；尾刺长13.5～17 μm。

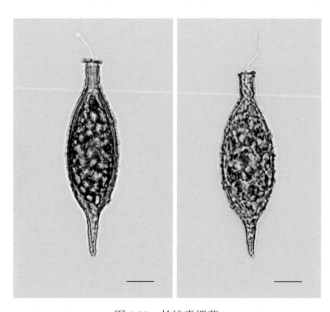

图6-39　长梭囊裸藻

陀螺藻属 *Strombomonas* Ehrenberg 1830

细胞外具囊壳，囊壳前端逐渐收缩呈长领状，壳体与领之间无明显的界限，多数囊壳后端逐渐变尖呈尾刺状。囊壳表面光滑或外具瘤突、皱纹，纹饰种类较囊裸藻属 *Trachelomonas* 少。囊壳内细胞特征与裸藻属 *Euglena* 相似。

常见于池塘、沟渠等小水体中。

1. 博里斯陀螺藻（图6-40）

Strombomonas borystheniensis (Roll) Popova, 1955; 施之新, 1999, p. 157, pl. XLIV, figs. 11-15.

囊壳宽椭圆形或卵圆形，浅黄色，表面具不规则小颗粒，两端宽圆，前端具宽的低领，领口平直或呈斜截状，后端较窄。囊壳长 26~28 μm，宽 20~22.5 μm。

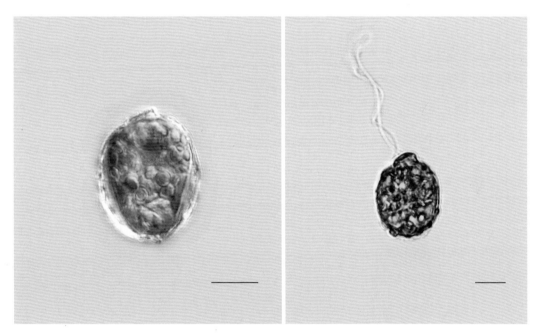

图 6-40　博里斯陀螺藻

2. 具瘤陀螺藻梯形变种（图6-41）

Strombomonas verrucosa var. ***zmiewika*** (Swirenko) Deflandre, 1930; 施之新, 1999, p. 158, pl. XLV, fig. 6.

囊壳梯形，前端渐狭形成圆柱形领，领口斜截开展，具细齿刻，后端呈长尾刺状。囊壳长 37~50 μm，宽 20~29 μm；领高 4.5~6 μm，宽 5~6 μm；尾刺长 11~14 μm。

3. 狭形陀螺藻（图6-42）

Strombomonas angusta (Shi) Wang et Shi, 1999; 施之新, 1999, p. 159, pl. XLV, figs. 10-12.

　　囊壳狭纺锤形，前端渐狭成圆柱形领，领口略开展，具细齿刻，后端尖形呈短尾刺状。囊壳长22～29 μm，宽9～14 μm；领高3～4 μm，宽4～4.5 μm。

4. 似孕陀螺藻短领变种（图6-43）

Strombomonas praeliaris var. ***brevicollum*** Shi et Jao, 1998; 施之新, 1999, p. 162, pl. XLVI, fig. 6.

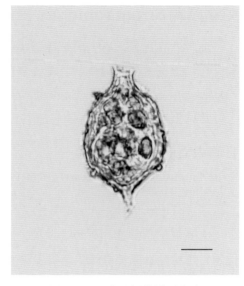

图6-41　具瘤陀螺藻梯形变种

　　囊壳较原变种大，卵状圆球形，表面无点纹，前端具短领，开展状，具波状齿刻，后端具长尾刺。囊壳长38～41 μm，宽20～22 μm；领高5～6 μm，宽5～6 μm；尾刺长10～12 μm。

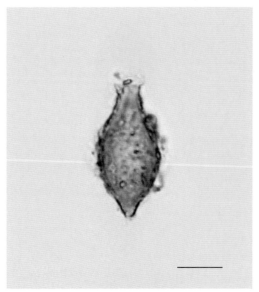

图6-42　狭形陀螺藻

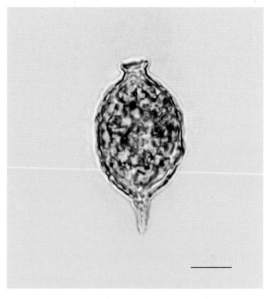

图6-43　似孕陀螺藻短领变种

5. 尖陀螺藻（图6-44）

Strombomonas acuminata (Schmarda) Defalandre, 1930; Huber-Pestalozzi, 1955, p. 373, pl. LXXVII, fig. 798.

　　囊壳梯形，前端具领，领口不规则，中部缢缩，后端具短尾刺，直向或略弯。囊壳长50～59 μm。

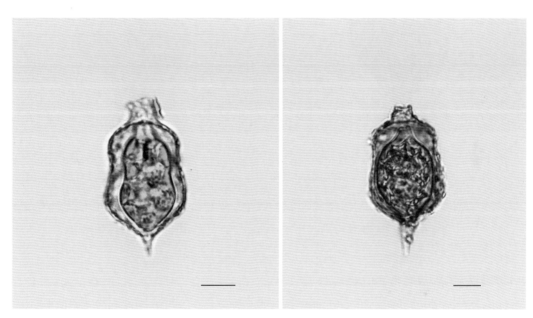

图6-44　尖陀螺藻

6. 瘤突陀螺藻（图6-45）

Strombomonas tuberculate (Shi) Wang, 1999; 施之新, 1999, p. 165, pl. XLVII, figs. 4-5.

　　囊壳矩圆形或宽椭圆形，表面分布有不规则的瘤状颗粒，前端具一较宽的直领，领口平直或弯弧形，后端具直的尾刺。囊壳长44～48 μm，宽24～28 μm；领高4～5 μm，宽6～8 μm；尾刺长6～10 μm。

7. 弯曲陀螺藻（图6-46）

Strombomonas gibberosa (Playfair) Deflandre, 1930; 施之新, 1999, p. 167, pl. XLVII, figs. 10-11.

　　囊壳宽纺锤形或宽菱形，前端具宽的圆柱状领，中部膨大，两端渐狭，后端具粗壮的尖尾刺。囊壳长46～60 μm，宽29～36 μm；尾刺长11～17 μm。

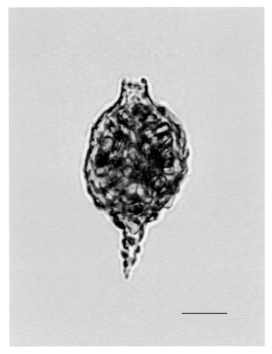 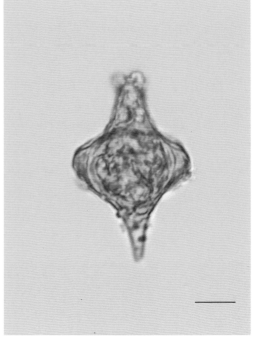

图6-45　瘤突陀螺藻　　　　　　　　图6-46　弯曲陀螺藻

8. 皱囊陀螺藻楔形变种（图6-47）

Strombomonas tambowika var. *cuneata* Shi, 1998; 施之新, 1999, p. 169, pl. XLVIII, fig. 6.

囊壳楔形，表面具皱纹或棱形折纹，前端宽，具一直领，领口不规则齿刻，后端略窄，具一尖尾刺。囊壳长61～61.5 μm，宽27.5～29 μm；领高6～6.3 μm，宽7.5～8 μm；尾刺长10～12 μm。

9. 三棱陀螺藻（图6-48）

Strombomonas triquetra (Playfair) Defalandre, 1930; 施之新, 1999, p. 170, pl. XLVIII, fig. 9.

囊壳五边形，表面粗糙具微颗粒及分布不规则的小瘤突，前端具短的圆柱状领，后端较前端窄，具短且钝的尾刺。囊壳长40～50 μm，宽21～30 μm；领高4.5～7.0 μm，宽6.2～7.1 μm；尾刺长3.5～7 μm。

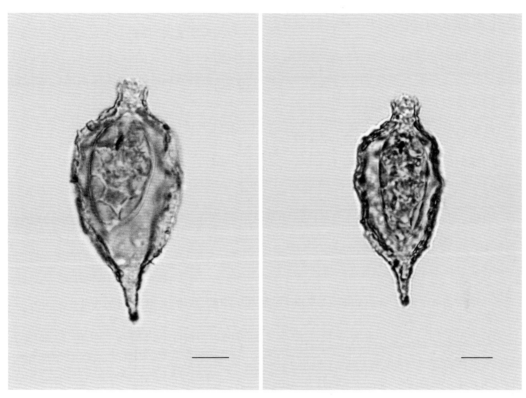

图 6-47　皱囊陀螺藻楔形变种

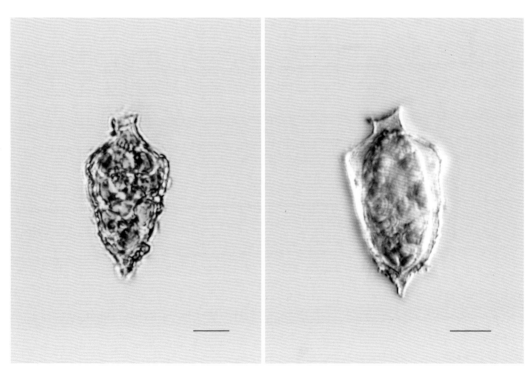

图 6-48　三棱陀螺藻

鳞孔藻属 *Lepocinclis* Perty 1849

细胞卵形、球形、纺锤形或椭圆形，表质具线纹、肋纹、凸纹或颗粒，呈纵向或螺旋形排列，坚硬，形状固定，不具"裸藻状蠕动"。具多数小的盘状色素体，无蛋白核。副淀粉粒2个，呈大的环形。

分布于池塘、沟渠等流动缓慢的小水体中，在含氮量较高的鱼池中常见。

1. 盐生鳞孔藻（图6-49）

Lepocinclis salina Fritsch, 1914; 施之新, 1999, p. 176-177, pl. L, fig. 5.

细胞近卵形，前端窄，后端宽圆，表质厚，绿褐色，具螺旋线纹。副淀粉粒数个，球形、椭圆形或环形。细胞长29～36 μm，宽25～27 μm。

2. 缢缩鳞孔藻（图6-50）

Lepocinclis constricta Matvienko, 1938; 施之新, 1999, p. 177, pl. L, fig. 10.

细胞葫芦形、宽纺锤形或长六边形，前端窄，顶部中央略呈两瓣状凸起或平截，中部缢缩，后端宽圆，具一直向长尾刺。副淀粉粒数个，卵形或球形。细胞长26～28 μm，宽14～16 μm；尾刺长8～10 μm。

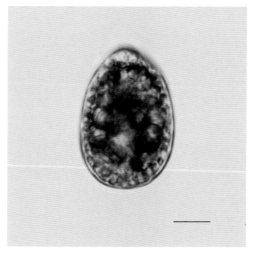

图6-49　盐生鳞孔藻

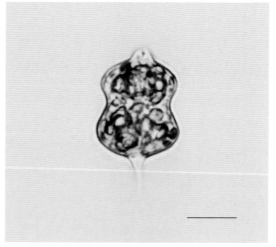

图6-50　缢缩鳞孔藻

3. 纺锤鳞孔藻（图6-51）

Lepocinclis fusiformis (Carter) Lemmermann, 1901; 施之新, 1999, p. 180-181, pl. LI, fig. 6.

细胞宽纺锤形，前端呈喙状或截顶锥状，顶端中部常凹入，后端具乳头状尾突。

副淀粉粒大，2个，环形，有时伴有小的卵形或椭圆形副淀粉粒。细胞长30~38 μm，宽23~26 μm。

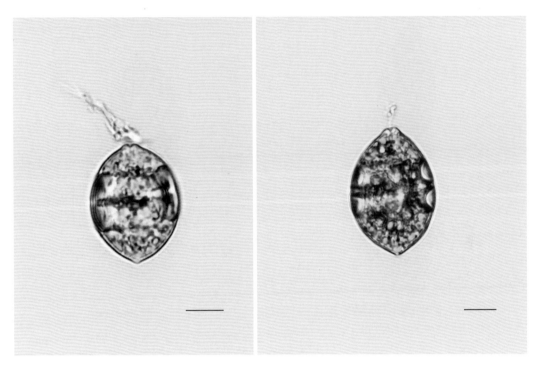

图6-51   纺锤鳞孔藻

4. 莱韦克鳞孔藻珍珠变种（图6-52）

Lepocinclis reeuwykiana var. _margaritifera_ Shi, 1996; 施之新, 1999, p. 182, pl. LI, figs. 16-17.

细胞狭长纺锤形，前端渐窄，顶端略呈喙状凸起，后端逐渐变尖呈长尾刺状，表质线纹具明显的珠状颗粒。副淀粉粒大，2个，环形，同状时伴有一些小颗粒。细胞长38~39 μm，宽10~11 μm；尾刺长9~10 μm。

5. 黄板桥鳞孔藻（图6-53）

Lepocinclis huangpanchiaoensis Chu, 1936; 施之新, 1999, p. 183, pl. LII, fig. 2.

细胞纺锤形，前端渐尖，顶端略呈喙状凸起，后端逐渐变尖呈尾刺状。副淀粉粒大，2个，环形，同时伴有一些小颗粒。细胞长42~47 μm，宽19~23 μm；尾刺长10~11 μm。

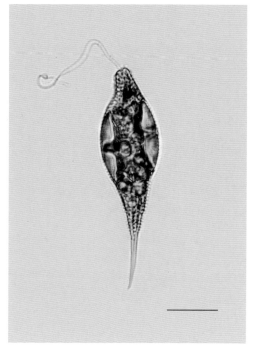

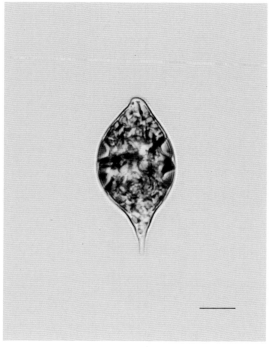

图6-52　莱韦克鳞孔藻珍珠变种

图6-53　黄板桥鳞孔藻

6a. 卵形鳞孔藻（图6-54a-b）

Lepocinclis ovum (Ehrenberg) Lemmermann, 1901; 施之新, 1999, p. 185, pl. LII, figs. 8-9.

细胞椭圆形，两端宽圆，后端逐渐变尖形成短尾刺或乳头状短尾突。副淀粉粒大，2个，环形，有时伴有一些小的杆形副淀粉粒。细胞长27～34 μm，宽20～23 μm；尾刺长1～3 μm。

6b. 卵形鳞孔藻肥壮变种（图6-54c）

Lepocinclis ovum var. ***obesa*** Chu, 1935; 施之新, 1999, p. 188, pl. LIII, fig. 6.

本变种与原变种的主要区别在于：细胞近球形，较原变种宽，顶部有喙状凸起；细胞长42～43 μm，宽36～39 μm；尾刺长2～4 μm。

7. 细尾鳞孔藻（图6-55）

Lepocinclis gracilicauda Deflandre, 1924; 施之新, 1999, p. 189, pl. LIII, fig. 10.

细胞矩圆形，两端宽圆，两侧近平行或略弯，后端逐渐变尖呈尖尾刺状。副淀粉粒大，2个，环形，同时伴有一些小颗粒。细胞长25～35 μm，宽15～23 μm；尾刺长7～12 μm。

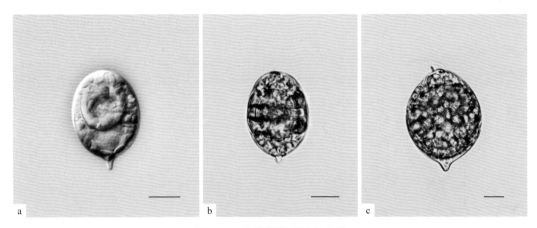

图6-54　卵形鳞孔藻及其变种

a-b. 卵形鳞孔藻；c. 卵形鳞孔藻肥壮变种

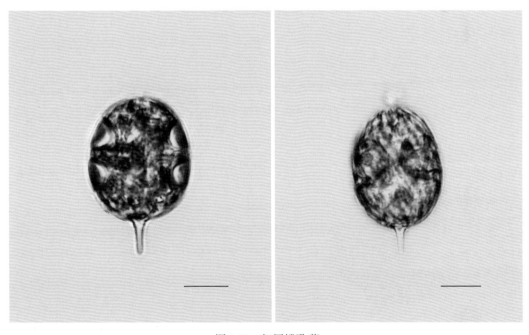

图6-55　细尾鳞孔藻

扁裸藻属 *Phacus* Dujardin 1841

细胞扁平，呈叶状，有时呈扭曲状，表质坚硬，不具"裸藻状蠕动"，表质具螺旋状线纹或纵向线纹。色素体小，呈盘状，多数，无蛋白核。副淀粉粒大，呈盘形、环形或假环形，1～2个。

扁裸藻的种类较多，广泛分布于池塘、沼泽、湖泊、沟渠、河流中，喜生于富营养的鱼池及小池塘中。

1. 梨形扁裸藻（图6-56）

Phacus pyrum (Ehrenberg) Stein, 1878; 施之新, 1999, p. 194-195, pl. LV, figs. 4-9.

　　细胞梨形，表质具7～9条自左上至右下的螺旋肋纹，前端宽圆，中央略微或明显凹入，后端逐渐变尖呈长尖尾刺状。副淀粉粒2个，介壳形。细胞长38～42 μm，宽15～16 μm；尾刺长15～18 μm。

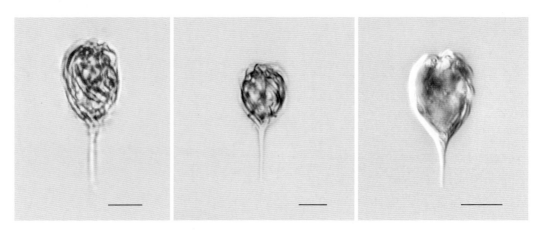

图6-56　梨形扁裸藻

2a. 具瘤扁裸藻（图6-57a-b）

Phacus suecicus (Lemmermann) Lemmermann, 1913; 施之新, 1999, p. 196-197, pl. LVI, figs. 10-12.

　　细胞近圆形，表质具纵向排列的瘤状凸起，前端宽圆，顶端中央有乳头状凸起，后端具尖尾刺，弯向一侧。副淀粉粒2个，介壳状。细胞长31～32 μm，宽20～21 μm；尾刺长6～7 μm。

2b. 具瘤扁裸藻方瘤变种（图6-57c-d）

Phacus suecicus var. ***inermis*** Nygaard, 1949; 施之新, 1999, p. 197, pl. LVI, figs. 13-14.

　　本变种与原变种的主要区别在于：表质上的瘤状凸起为方形；细胞长39～44 μm，宽21～28 μm；尾刺长7～9 μm。

3a. 尖尾扁裸藻（图6-58a-b）

Phacus acuminatus Stokes, 1885; 施之新, 1999, p. 210, pl. LX, figs. 6-8.

　　细胞宽卵形，表质具纵向线纹，前端略窄，顶端中央凹入，具明显的顶沟，延伸至中后部，后端具三角形短尾刺，直向或弯向一侧。副淀粉粒2个，一大一小，球形、假环形或圆盘形。细胞长23～37 μm，宽20～30 μm；尾刺长2.4～4 μm。

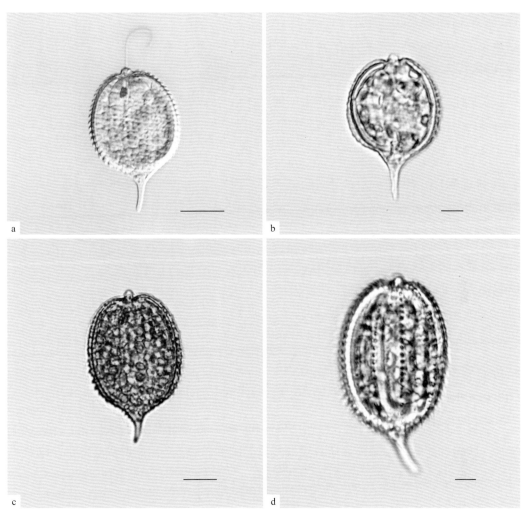

图6-57　具瘤扁裸藻及其变种

a-b. 具瘤扁裸藻；c-d. 具瘤扁裸藻方瘤变种

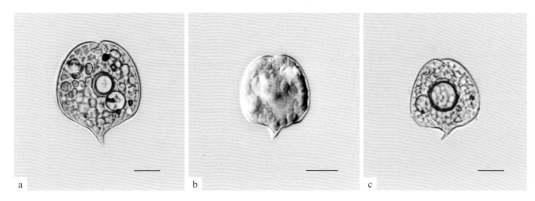

图6-58　尖尾扁裸藻及其变种

a-b. 尖尾扁裸藻；c. 尖尾扁裸藻盘形变种

3b. 尖尾扁裸藻盘形变种（图6-58c）

Phacus acuminatus var. ***discifera*** (Pochmann) Huber-Pestalozzi, 1955; 施之新，
    1999, p. 211, pl. LX, fig. 9.

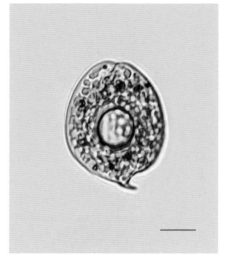

    本变种与原变种的主要区别在于：细胞三角
卵圆形；副淀粉粒较大；细胞长25~30 μm，宽
21~22 μm；尾刺长2.5~3 μm。

4. 近圆扁裸藻（图6-59）

Phacus circulates Pochmann, 1942; 施之新，
    1999, p. 213, pl. LXI, figs. 5-7.

    细胞近圆形，表质具纵向线纹，前端略窄，
顶端中央略凹入，后端宽圆，具短尖尾刺，弯
向一侧。副淀粉粒大，1个，假环形。细胞长
26~35 μm，宽23~26 μm；尾刺长3~4 μm。

图6-59　近圆扁裸藻

5. 奇形扁裸藻（图6-60）

Phacus anomalus Fritsch et Rich, 1929; 施之新，1999, p. 214, pl. LXII, figs. 1-3.

    细胞正面宽卵形或卵圆形，包括"体"和"翼"两部分，"体"大"翼"小，两端
宽圆，后端具锥形短尾刺，表质具纵向线纹。副淀粉粒2个，球形或假环形。细胞长
34~38 μm，宽27~30 μm；尾刺长1~1.2 μm。

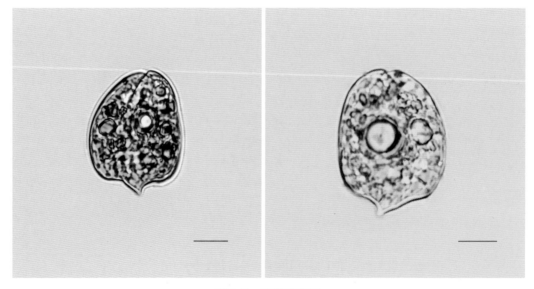

图6-60　奇形扁裸藻

6. 旋转扁裸藻（图6-61）

Phacus contortus Bouttelly, 1952; 施之新 , 1999, p. 216-217, pl. LXIII, figs. 1-3.

细胞正面卵形，具一宽一窄2个"翼"，沿纵轴方向扭转，前端窄，后端宽，具尖尾刺，弯向一侧，表质具纵向线纹，背部具较浅的纵向沟，腹部凹入具纵向沟。副淀粉粒大，2个，圆盘形，分别位于两"翼"中。细胞长30～55 μm，宽25～37 μm；尾刺长5～7.5 μm。

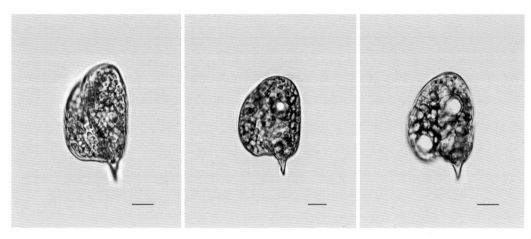

图6-61　旋转扁裸藻

7. 中型扁裸藻（图6-62）

Phacus meson Pochmann, 1942; 施之新 , 1999, p. 217-218, pl. LXIV, figs. 5-6.

细胞长椭圆形或椭圆状卵形，前端窄，顶端凹入，后端宽圆，具一粗壮的尖尾刺，两侧边缘具波状缺刻，表质具纵向线纹。副淀粉粒大，2个，盘形或假环形。细胞长65～77 μm，宽28～33 μm；尾刺长12～13 μm。

8. 印度扁裸藻（图6-63）

Phacus indicus Skvortzow, 1937; 施之新 , 1999, p. 219, pl. LXIV, figs. 16-18.

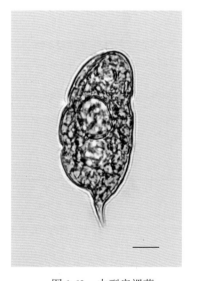

图6-62　中型扁裸藻

细胞卵圆形，不对称，两端宽圆，后端较前逐渐变尖，具直向或略弯的尖尾刺，两侧边缘具1～3个不规则的波状缺刻，表质具纵向线纹。副淀粉粒大，1个，假环形，伴有1～2个小的圆球形副淀粉粒。细胞长40～44 μm，宽23～25 μm；尾刺长9～10 μm。

9. 爪形扁裸藻（图6-64）

Phacus onyx Pochmann, 1942; 施之新, 1999, p. 220, pl. LXV, figs. 1-3.

　　细胞三角宽卵形或近梯形，前端窄，后端近平弧形，具一利爪形的短尖尾刺，弯向一侧，边缘有或无波状缺刻，表质具纵向线纹。副淀粉粒大，1个，球形或假环形。细胞长30～40 μm，宽22～31 μm；尾刺长5～8 μm。

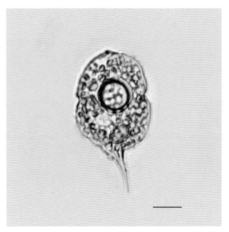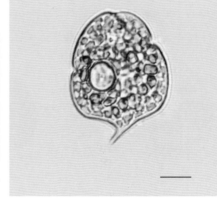

图6-63　印度扁裸藻　　　　　　　　　图6-64　爪形扁裸藻

10. 波形扁裸藻（图6-65）

Phacus undulatus (Skvortzov) Pochmann, 1942; 施之新, 1999, p. 221, pl. LXV, figs. 12-14.

　　细胞宽卵形或近梯形，前端略窄，后端逐渐变尖呈尾刺状，弯向一侧，细胞两侧有波状缺刻，不对称，表质具纵向线纹。副淀粉粒大，1～2个，盘形或环形，有时伴有小的卵形或椭圆形副淀粉粒。细胞长62.5～74 μm，宽25～46 μm；尾刺长12～13.5 μm。

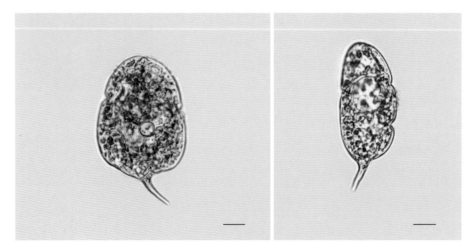

图6-65　波形扁裸藻

11. 曼奇恩扁裸藻（图6-66）

Phacus manginii Lefèvre, 1933; 施之新,
　1999, p. 226-227, pl. LXVIII, figs. 1-5.

　　细胞卵圆形，前端宽圆，顶端具明显
的顶沟，延伸至中后部，顶端中央略凹入，
后端由宽圆逐渐变尖呈直向或略弯的锥形
尖尾刺状，表质具纵向线纹。副淀粉粒2
个，等大或一大一小，球形或环形。细胞
长27～42 μm，宽22～24 μm；尾刺长6～
14 μm。

12. 三棱扁裸藻（图6-67）

Phacus triqueter (Ehrenberg) Dujardin,
　1841; 施之新, 1999, p. 228-229, pl.
　LXIX, figs. 11-12.

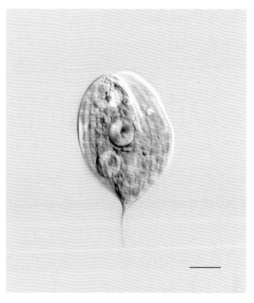

图6-66　曼奇恩扁裸藻

　　细胞宽卵形，两端宽圆，前端较后端窄，后端逐渐变尖呈尾刺状，弯向一侧，背
面具龙骨状纵脊，表质具纵线纹。副淀粉粒1～2个，圆盘形。细胞长40～73 μm，宽
30～46 μm；尾刺长11～16 μm。

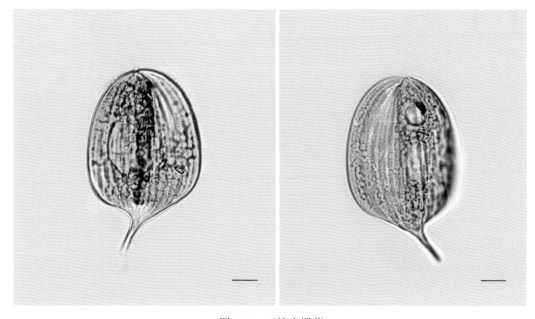

图6-67　三棱扁裸藻

13a. 长尾扁裸藻（图6-68a-b）

Phacus longicauda (Ehrenberg) Dujardin, 1841; 施之新, 1999, p. 231-232, pl. LXXI, fig. 1.

细胞梨形或宽倒卵形，前端宽圆，顶部具明显的浅沟，后端逐渐变尖形成细长的尖尾刺，表质具纵向线纹。副淀粉粒大，1至数个，环形、圆盘形或假环形。细胞长117～123 μm，宽45～50 μm；尾刺长50～93 μm。

13b. 长尾扁裸藻虫形变种（图6-68c）

Phacus longicauda var. ***insectum*** Koczwara, 1915; 施之新, 1999, p. 232, pl. LXXI, fig. 4.

本变种与原变种的主要区别在于：细胞两侧均有一明显的缢缩；细胞长88～94 μm，宽33～36 μm，尾刺长40～46 μm。

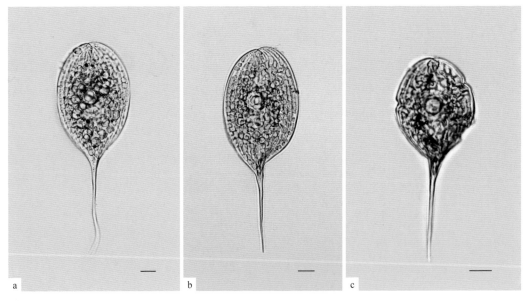

图6-68　长尾扁裸藻及其变种

a-b.长尾扁裸藻；c.长尾扁裸藻虫形变种

14. 蝌蚪形扁裸藻（图6-69）

Phacus ranula Pochmann, 1942; 施之新, 1999, p. 233-234, pl. LXXII, fig. 5.

细胞宽椭圆形或圆卵形，前端宽圆，后端由宽圆逐渐变尖呈长尖尾刺状，表质具纵向线纹。副淀粉粒大，1个，圆盘形或环形，伴有一些小的卵形或椭圆形副淀粉粒。细胞长70～125 μm，宽35～52 μm；尾刺长20～25 μm。

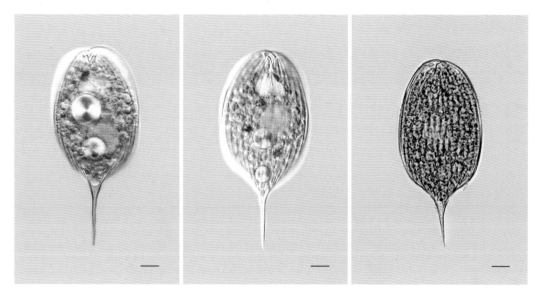

图6-69　蝌蚪形扁裸藻

15. 扭曲扁裸藻（图6-70）

Phacus tortus (Lemmermann) Skvortzow, 1928; 施之新, 1999, p. 234, pl. LXXII, figs. 1-2.

细胞螺旋形扭转状，侧扁，沿纵轴旋转一周，前端宽圆，略凹入，后端逐渐变尖呈尾刺状，直向或弯向一侧，表质具纵线纹。副淀粉粒1至数个，球形、环形或假环形。细胞长75～80 μm，宽27～40 μm；尾刺长22～23 μm。

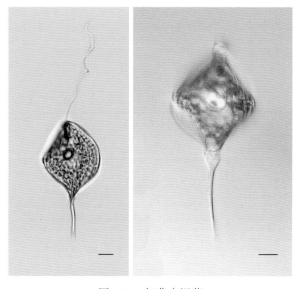

图6-70　扭曲扁裸藻

16. 旋形扁裸藻（图6-71）

Phacus helicoides Pochmann, 1942; 施之新 , 1999, p. 234, pl. LXXII, fig. 7.

　　细胞螺旋形，沿纵轴方向旋转两周，前端窄，顶部具2个唇瓣状凸起，后端宽圆逐渐变细呈长尖尾刺状，表质具纵向线纹。副淀粉粒大，1个，圆盘形、球形或环形。细胞长100～107 μm，宽33～47 μm；尾刺长27～30 μm。

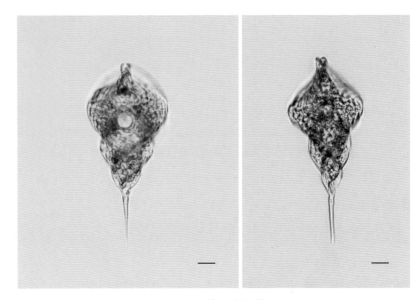

图6-71　旋形扁裸藻

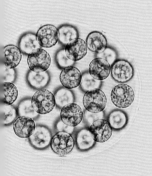

绿 藻 门

Chlorophyta

　　绿藻门的植物体是多种多样的，有单细胞、群体、丝状体和薄壁组织体。少数种类的营养细胞前端具鞭毛，多数种类的营养细胞不能运动，但在繁殖时形成具鞭毛的孢子和配子，能运动。鞭毛通常是2条或4条，顶生、等长，尾鞭型。

　　绿藻细胞壁的主要成分是纤维素和果胶质，色素体的形状变化很大，所含的色素与高等植物相同，有叶绿素a、叶绿素b、β-胡萝卜素及叶黄素。色素体通常具1至数个蛋白核，光合产物淀粉多贮于蛋白核周围成为淀粉鞘，细胞核1至多数。

　　绿藻的繁殖方式多样，有营养繁殖、无性生殖和有性生殖。营养繁殖有细胞分裂、藻丝断裂、形成胶群体等；无性生殖可产生游动孢子、不动孢子、似亲孢子等；有性生殖除同配生殖、异配生殖和卵式生殖外，还可以接合生殖，即通过产生没有鞭毛的配子相结合生殖。

　　绿藻是最常见的藻类之一，以淡水种类为主，占总种数的约90%，海水种类约为10%。淡水种类广布于湖泊、池塘、沼泽、河流等水体中，浮游或固着生活，在潮湿的土壤、墙壁、树干上也常有分布，甚至在冰雪中也能找到。海水种类多分布于海洋沿岸的海水中，固着在岩石上。

　　绿藻的分类学研究近年来发展很快，在纲、目的级别上也有很大变化，随着分子生物学的引入，出现了许多新观点，本书仍沿用经典的形态分类学的观点，采用《中国淡水藻志》上的分类系统和种属概念。

　　世界已报道的绿藻有约450属8000余种，它是长江中下游地区水体中最常见的浮游藻类，在春季常形成优势类群，其中绿球藻目和鼓藻目的种类最为常见。本书收录了67属201种43变种2变型。

绿藻纲Chlorophyceae　团藻目Volvocales
衣藻科Chlamydomonadaceae
衣藻属 *Chlamydomonas* Ehrenherg 1833

　　植物体为游动单细胞。细胞球形、卵形、椭圆形或宽纺锤形等，细胞壁平滑，具或不具胶被。细胞前端中央具或不具乳头状凸起，具2条等长的鞭毛，鞭毛基部具1个或2个伸缩泡。大型色素体1个，多数杯状，少数片状、"H"形或星状等，具1个蛋白核，少数具2个或多个。眼点位于细胞的一侧，橘红色。

　　本属种类多，鉴定困难，分布广泛，多在有机质丰富的小水体中。

1. 简单衣藻（图7-1）

Chlamydomonas simplex Pascher, 1927;
　　胡鸿钧, 2015, p. 20, fig. 10.

　　细胞球形，前端中央具小的乳头状凸起，具2条等长的鞭毛。色素体杯状，具一个球形蛋白核。细胞核位于细胞近中央偏前端。细胞直径5～13 μm。

2a. 单胞衣藻（图7-2a-b）

Chlamydomonas monadina Stein, 1878;
　　胡鸿钧, 2015, p. 44, fig. 60.

　　细胞近球形到短椭圆形，细胞壁明显。细胞前端中央有1个短而宽大且顶部平的乳状凸起，具2条等长的或略长于细

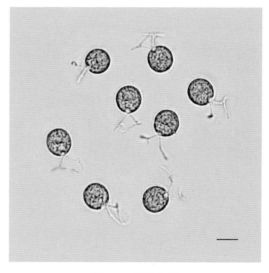

图7-1　简单衣藻

胞的鞭毛。色素体侧缘和基部增厚呈杯状，赤道面上的色素体增厚特别显著，赤道面上具1个大的马蹄形的蛋白核。细胞核位于细胞近中央偏前端。细胞长20～40 μm，宽19～38 μm。

2b. 单胞衣藻分离变种（图7-2c-d）

Chlamydomonas monadina var. ***separatus*** Hu et Chen, 2003; 胡鸿钧, 2015, p. 44,
　　fig. 61.

　　本变种与原变种的主要区别在于：细胞壁与原生质体明显分离；细胞近球形；细胞长10～29 μm，宽12～28 μm。

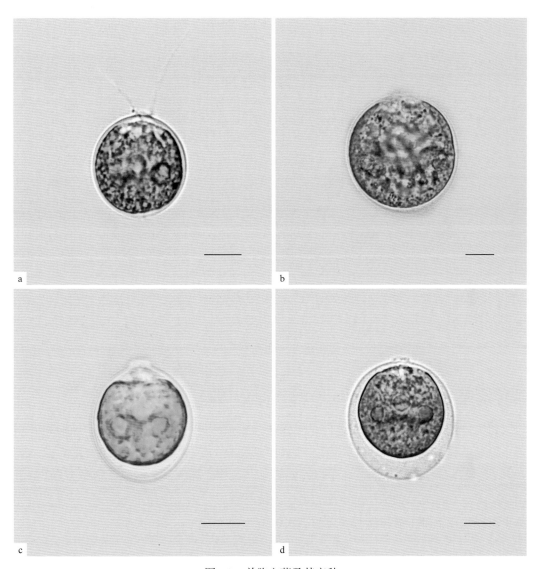

图 7-2　单胞衣藻及其变种

a-b. 单胞衣藻；c-d. 单胞衣藻分离变种

3. 突变衣藻（图 7-3）

Chlamydomonas mutabilis Gerloff, 1940; 胡鸿钧, 2015, p. 66, fig. 103.

细胞长椭圆形或近圆柱形，前端和后端广圆形，两侧近平行。细胞前端中央具 1 个钝圆锥形到近半球形的乳头状凸起，具 2 条等长且约等于体长的鞭毛。细胞核位于色素体横片前端的空腔内。细胞长 13～23 μm，宽 7.5～15 μm。

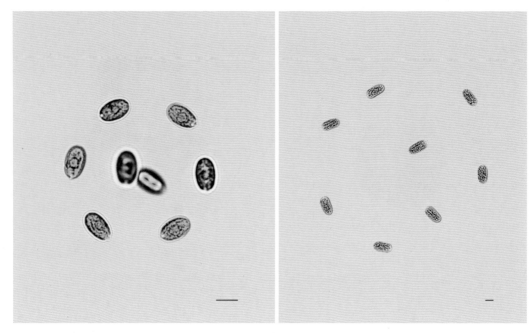

图7-3　突变衣藻

拟球藻属 *Sphaerellopsis* Korshikov 1925

植物体为单细胞。原生质体外具厚胶被，胶被与原生质体形状不同，球形或椭圆形。原生质体长卵形、狭长倒卵形，多数中部明显的宽厚，后端有时尖细略弯曲，前端具2条等长且约为体长的或长于体长的鞭毛。色素体杯状，基部明显增厚，具1个蛋白核。眼点有或无。细胞核位于细胞近中央偏前端。

见于长江下游干流和富营养化的小水体中。

1. 莱非拟球藻（图7-4）

Sphaerellopsis lefevrei Bourrelly, 1951; 胡
鸿钧和魏印心, 2006, p. 543, pl. XIV-8,
fig. 7.

原生质体卵形，前端逐渐变尖形成
1个凸起，后端钝圆，前端具2条等长的
且约等于体长的鞭毛。胶被长椭圆形至圆
柱形。眼点椭圆形，位于细胞前端。细胞
核位于色素体前端。细胞长 13.75～20 μm，
宽 13.8～16.3 μm；胶被长 20～28.8 μm，宽
22.8～25 μm。

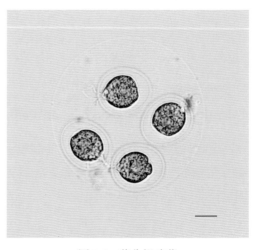

图7-4　莱非拟球藻

叶衣藻属 *Lobomonas* Dangeard 1899

植物体为单细胞。细胞卵形、椭圆形。细胞壁具大型不规则排列的波状凸起；横断面圆形、方形，四周具若干不规则排列的圆锥形凸起。细胞前端中央有或无乳头状凸起；具2条等长的鞭毛，基部具2个伸缩泡。色素体杯状，具1个蛋白核。眼点位于细胞的侧面。

见于长江干流和富营养化的小水体中。

1. 贵州叶衣藻（图7-5）

Lobomonas guizhounensis Hu et Luo, 2003; 胡鸿钧和魏印心，2006, p. 546, pl. XIV-9, fig. 5.

细胞椭圆形、球形。细胞壁具数层大型的不规则排列的圆锥形凸起，前端每层4个，中间每层6~8个。细胞前端具2条等长的且约等于体长的鞭毛，无乳头状凸起。眼点小，椭圆形，位于细胞近前端。细胞长（不包括细胞壁）16~19 μm，宽13~15 μm。

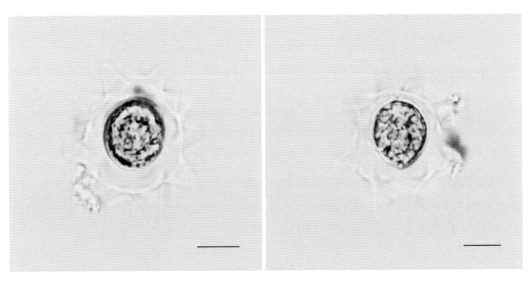

图7-5　贵州叶衣藻

四鞭藻属 *Carteria* (Diesing) Dill 1895

植物体为单细胞，细胞球形、心形、卵形、椭圆形等。细胞壁明显，平滑。细胞前端中央有或无乳头状凸起；具4条等长的鞭毛，基部具2个伸缩泡。色素体常为杯状，少数为"H"形或片状，具1个或数个蛋白核。眼点有或无。细胞单核。

常见于含有机质较多的小水体或湖泊的浅水区域。

1. 宽喙四鞭藻（图7-6）

Carteria platyrhyncha Ettl, 1958; 胡鸿钧和魏
印心, 2006, p. 550, pl. XIV-10, fig. 5.

　　细胞短椭圆形，两端钝圆，外有一层很薄
的胶被。细胞前端具1个宽圆的乳头状凸起，
具4条与细胞等长的鞭毛。蛋白核位于色素体
基部增厚处。眼点未见。细胞核位于细胞近
前端色素体的空隙中。细胞长11～23 μm，宽
8～22 μm。

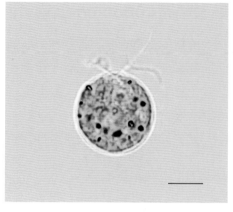

图7-6　宽喙四鞭藻

朴罗藻属 *Provasoliella* Loeblich 1967

　　植物体为单细胞，细胞球形、心形、卵形、椭圆形等。细胞壁明显，平滑。细胞
前端中央有或无乳头状凸起；具4条等长的鞭毛，基部具2个伸缩泡。色素体常为杯
状，少数片状、盘状、星芒状，不具蛋白核。
眼点有或无。细胞单核。

　　见于鄱阳湖、太平湖以及长江干流水体中。

1. 茨氏朴罗藻（图7-7）

Provasoliella czettelii (Wawrik) Ettl, 1979; 胡
鸿钧和魏印心, 2006, p. 552, pl. XIV-10,
fig. 9.

　　细胞球形，前端中央无乳头状凸起，具4
根与细胞等长的鞭毛。色素体轴生，星芒状，
无蛋白核。眼点未见。细胞直径9～10 μm。

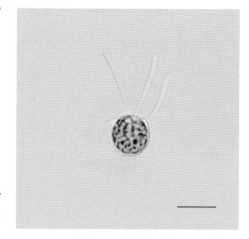

图7-7　茨氏朴罗藻

绿藻纲 Chlorophyceae　团藻目 Volvocales　壳衣藻科 Phacotaceae
翼膜藻属 *Pteromonas* Seligo 1887

　　植物体为单细胞，细胞明显纵扁。囊壳由2个半片组成；正面观球形、卵形、前端
宽而平直，呈正方形到长方形、六角形，角上具或不具翼状凸起；侧面观近梭形。原
生质体小于囊壳，前端靠近囊壳，正面观球形、卵形、椭圆形，前端具2条等长的鞭
毛，从囊壳的1个开孔伸出。色素体杯状或块状，具1个或数个蛋白核。眼点椭圆形或
近线形，位于细胞近前端。细胞核位于细胞的中央或略偏前端。

分布广泛，见于湖泊、池塘以及长江干流中。

1. 尖角翼膜藻（图7-8）

Pteromonas aculeata Lemmermann, 1900; 胡鸿钧和魏印心，2006, p. 564, pl. XIV-13,
fig. 5.

囊壳正面观长方形，具4个角，前端2个角向前延伸，后端2个角向后延伸，形成4个角锥形凸起；侧面观近纺锤形，前端尖角形，后端具尖尾。鞭毛2条等长，从管内通过囊壳小孔伸出。色素体大，块状；蛋白核4个或5个，方形排列。细胞长23～37 μm，宽18～36 μm；原生质体长17～32 μm，宽11～27 μm。

2. 具角翼膜藻竹田变种（图7-9）

Pteromonas angulosa var. *takedana* (West) Pascher, 1927; 胡鸿钧和魏印心，2006, p. 567,
pl. XIV-14, fig. 4.

囊壳正面观广卵形、圆形或横椭圆形，前端平直而宽，后端广圆，壳面平滑。原生质体正面观广卵形，具2条等长鞭毛。细胞长13.5～25 μm，宽11～25 μm；原生质体长9～13 μm，宽8～12 μm。

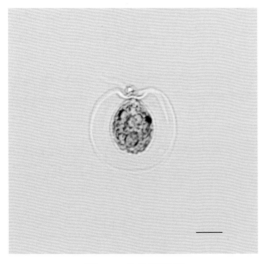

图7-8　尖角翼膜藻

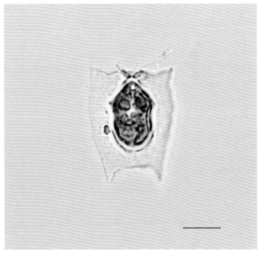

图7-9　具角翼膜藻竹田变种

绿藻纲Chlorophyceae　团藻目Volvocales　团藻科 Volvocaceae
盘藻属 *Gonium* Müller 1773

植物体为群体，板状方形，由4～32个细胞组成，排列在一个平面上，具胶被。细胞的个体胶被明显，彼此由胶被部分相连，呈网状，中央具1个大的空腔。细胞形态构造相同，球形、卵形、椭圆形，前端具2条等长的鞭毛；色素体大，杯状，近基部具1个蛋白核；具1个眼点，位于细胞近前端。

常生活在浅水湖及池塘中。在有机质多的水体中能大量繁殖。

1. 聚盘藻（图7-10）

Gonium sociale (Dujardin) Warming, 1876; 胡鸿钧和魏印心, 2006, p. 572, pl. XIV-15, fig. 4.

群体仅由4个细胞组成，在1个平面上呈方形排列。细胞卵形，基部广圆，前端钝圆，中央具2条等长的鞭毛，基部具1个大的圆形蛋白核。群体直径30～35 μm；细胞长10～18 μm，宽10～16 μm。

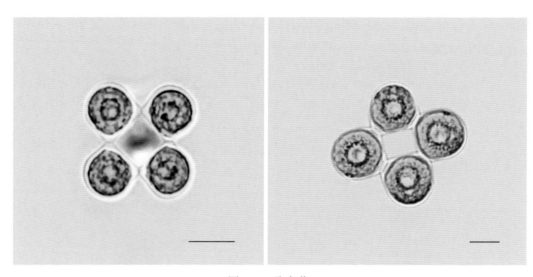

图7-10　聚盘藻

2. 盘藻（图7-11）

Gonium pectorale Müller, 1773; 胡鸿钧和魏印心, 2006, p. 572, pl. XIV-15, fig. 5.

群体绝大多数由16个细胞组成，在1个平面上呈方形排列。细胞宽椭圆形到略呈倒卵形，前端具2条等长的鞭毛，近基部具1个大的蛋白核。群体直径40～65 μm；细胞长8～12 μm，宽6～11 μm。

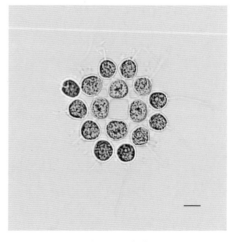

图7-11　盘藻

板藻属 *Platydorina* Kofoid 1899

植物体由16个或32个细胞排列成单层群体，扁平状马蹄形，微左旋，在马蹄形后端具3个至5个胶质凸起。细胞球形或梨形，在群体两面交错排列；具2条等长鞭毛，鞭毛基部具2个伸缩泡；每个细胞具1个眼点；色素体大型，杯状，1个蛋白核位于杯状色素体的基部。本属仅有1种。

分布于湖泊、水库中，见于上海大莲湖。

1. 具尾板藻（图7-12）

Platydorina caudata Kofoid, 1899; 潘鸿等, 2010, p. 699, figs. 1-2.

特征同属。细胞长11～13 μm，宽10～12 μm。

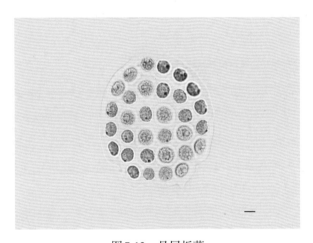

图7-12　具尾板藻

实球藻属 *Pandorina* Bory 1826

植物体为定形群体，群体具胶被，球形或短椭圆状，由8个、16个、32个（常见为16个）细胞组成；细胞彼此紧贴，位于群体中心，细胞间常无间隙，或仅在群体的中心有小的空间。细胞球形、倒卵形、楔形；前端具2条等长的鞭毛；色素体多为杯状，少数为块状或长线状，具1个或数个蛋白核；具1个眼点。

分布广泛，常见于有机质含量较高的浅水湖泊和鱼池中。

1. 实球藻（图7-13）

Pandorina morum (Müller) Bory, 1826; 胡鸿钧和魏印心, 2006, p. 573, pl. XIV-15, fig. 7.

群体球形或椭圆形，胶被边缘狭，细胞互相紧贴在中心，常无空隙。细胞倒卵形或楔形，前端钝圆，向群体外侧，后端渐狭，具2条等长鞭毛。群体直径30~60 μm，细胞直径7~15 μm。

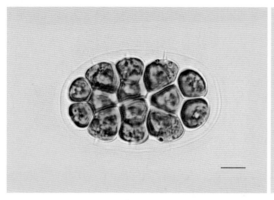
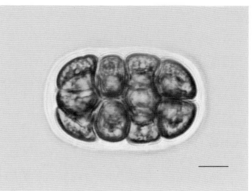

图7-13　实球藻

空球藻属 *Eudorina* Ehrenberg 1832

植物体为定形群体，椭圆形，罕见球形，由16个、32个、64个（常见为32个）细胞组成；群体细胞彼此分离，排列在群体胶被的周边；群体胶被表面平滑或具胶质小刺，个体胶被彼此融合。细胞球形，壁薄，前端向群体外侧，中央具2条等长的鞭毛；色素体杯状，仅有1个种色素体为长线状，具1个或数个蛋白核；眼点位于细胞前端。

分布广泛，常见于有机质丰富的小水体。

1. 空球藻（图7-14）

Eudorina elegans Ehrenberg, 1832; 胡鸿钧和魏
　印心, 2006, p. 574, pl. XIV-15, fig. 8.

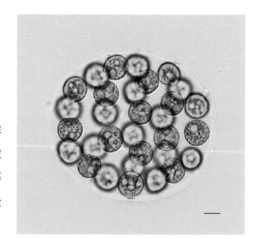

群体椭圆形或球形，细胞彼此分离，排列在群体胶被周边，胶被表面平滑。细胞球形，壁薄，前端向群体外侧，中央具2条等长的鞭毛。群体直径50~200 μm，细胞直径10~24 μm。

图7-14　空球藻

2. 胶刺空球藻（图7-15）

Eudorina echidna Svirenko, 1926; 胡鸿钧和魏印心, 2006, p. 574, pl. XIV-15, fig. 9.

群体椭圆形，胶被表面具许多放射状均匀排列的胶质小刺。细胞球形，前端中央具2条约为体长3倍的等长鞭毛。群体长44~65 μm，宽30~48 μm；细胞直径6~9 μm；胶质刺长3~5 μm。

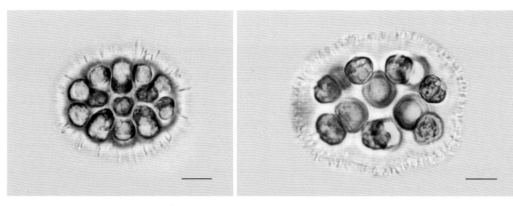

图 7-15　胶刺空球藻

杂球藻属 *Pleodorina* Shaw 1894

植物体为定形群体，球形或宽椭圆形，由32个、64个、128个细胞组成，具胶被。群体细胞彼此分离，排列在群体胶被周边，个体胶被彼此融合。群体内具大小不同的两种细胞，较大的为生殖细胞，较小的为营养细胞，生殖细胞比营养细胞大2～3倍。细胞球形到卵形，前端中央具2条等长的鞭毛；色素体杯状，充满细胞，营养细胞具1个蛋白核，眼点位于细胞的近前端一侧。

分布于湖泊、池塘中，我们的标本见于鄱阳湖、太平湖。

1. 杂球藻（图7-16）

Pleodorina californica Shaw, 1894; 胡鸿钧和魏印心, 2006, p. 574, pl. XIV-16, fig. 1.

群体宽椭圆形，群体细胞彼此分离，排列在群体胶被周边。细胞球形，前端中央具2条等长的鞭毛，基部具2个伸缩泡。群体直径 60～120 μm，营养细胞直径12～17 μm，生殖细胞直径5～8 μm。

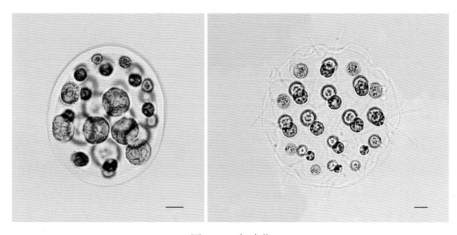

图 7-16　杂球藻

团藻属 *Volvox* Ehrenberg 1830

植物体为定形群体，球形、卵形或椭圆形，由512个至数万个（50 000个）细胞组成，具胶被。群体细胞彼此分离，排列在无色的群体胶被周边，个体胶被彼此融合或不融合。成熟的群体，包含若干个幼小的子群体。成熟的群体细胞，分化成营养细胞和生殖细胞，细胞间具或不具细胞质连丝。细胞球形、卵形、扁球形，前端中央具2条等长的鞭毛；色素体杯状、碗状或盘状，具1个蛋白核，眼点位于细胞的近前端一侧；细胞核位于细胞的中央。

广泛分布，常见于温度偏低，较为清洁的湖泊、池塘等水体中。

1. 非洲团藻（图7-17）

Volvox africanus West, 1910; 胡鸿钧和魏印心，2006, p. 576, pl. XIV-16, fig. 2.

群体卵形，由3000～8000个细胞组成。群体细胞彼此分离，排列在群体胶被周边。细胞卵形，前端中央具2条等长的鞭毛。群体直径200～250 μm，细胞直径4～9 μm。

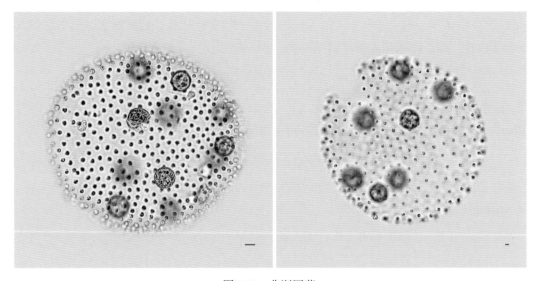

图7-17　非洲团藻

2. 美丽团藻（图7-18）

Volvox aureus Ehrenberg, 1832; 胡鸿钧和魏印心，2006, p. 577, pl. XIV-16, fig. 3.

群体球形或椭圆形，由500～4000个细胞组成。群体细胞彼此分离，排列在群体胶被周边。细胞彼此由极细的细胞质连丝连接，细胞胶被彼此融合。细胞卵形到椭圆形，前端中央具2条等长的鞭毛。群体直径400～600 μm，细胞直径4～9 μm。

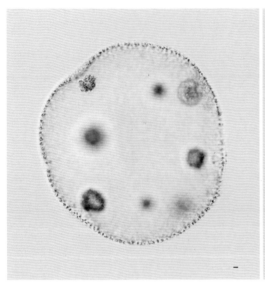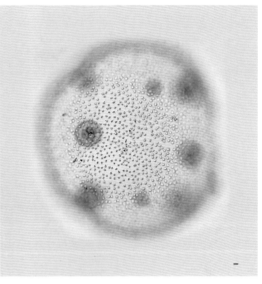

图7-18　美丽团藻

绿藻纲 Chlorophyceae　绿球藻目 Chlorococcales
绿球藻科 Chlorococcaceae
微芒藻属 *Micractinium* Fresenius 1858

植物体为群体，由4个、8个、16个、32个或更多的细胞组成，排成四方形、角锥形或球形，细胞有规律地互相聚集，无胶被，有时形成复合群体。细胞多为球形或略扁平；色素体1个，周位，杯状，具1个蛋白核或无；外侧的细胞壁表面具1～10根长粗刺。

广泛分布于湖泊、池塘、河流等中富营养水体中。

1. 微芒藻（图7-19）

Micractinium pusillum Fresenius, 1858; 毕列爵和胡征宇, 2004, p. 10, pl. III, fig. 1.

植物体常由4个、8个、16个或32个细胞组成群体；细胞多数每4个为一组，排成四方形或角锥形，有时每8个细胞为一组，排成球形。细胞球形；具1个蛋白核；外侧的细胞壁表面具2～5根长粗刺，罕为1根。细胞直径4～10 μm，刺长20～80 μm。

2. 博恩微芒藻（图7-20）

Micractinium bornhemiensis (Conrad) Korschikoff, 1987; 毕列爵和胡征宇, 2004, p. 11, pl. III, fig. 2.

群体由16个、32个、64个或128个细胞组成复合群体，细胞互相接触，紧密排列，呈金字塔状。细胞球形或倒卵形，具1个或无蛋白核，外侧的细胞壁表面具1～3根无色的刺。细胞直径3～8 μm，刺长25～77 μm。

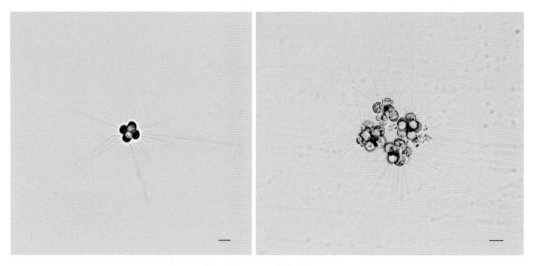

图7-19　微芒藻

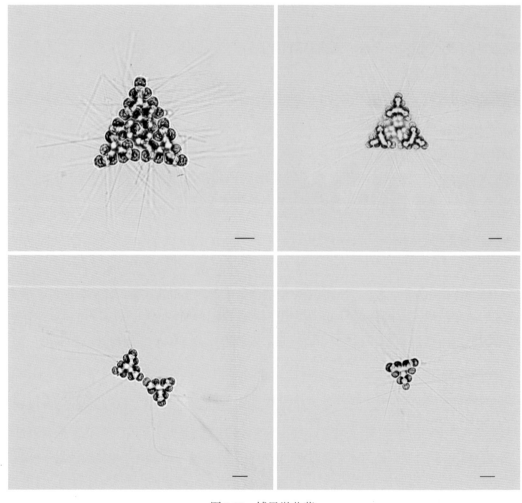

图7-20　博恩微芒藻

3. 粗刺微芒藻（图 7-21）

Micractinium crassisetum Hortobágyi, 1973; 毕列爵和胡征宇, 2004, p. 11, pl. IV, fig. 1.

群体由 4 个（偶 16 个）细胞组成，细胞互相接触成为 4 个排列成金字塔形的群体。细胞球形，具 1 个蛋白核，外侧细胞壁的表面具 1 根基部粗壮的直长刺。细胞直径 6～8 μm，刺长 20～40 μm。

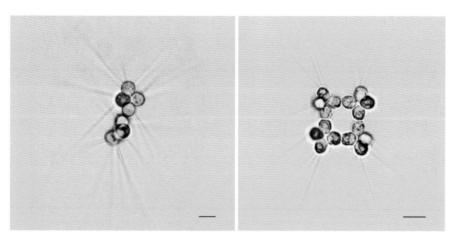

图 7-21　粗刺微芒藻

4. 四刺微芒藻（图 7-22）

Micractinium quadrisetum (Lemmermann) Smith, 1916; 毕列爵和胡征宇, 2004, p. 11, pl. IV, fig. 2.

群体由 4 个（偶 16 个）细胞组成，各细胞以其基部相接触，排列成十字式的平板，在中央围成一个长方形的空间。细胞卵形或近球形，具 1 个蛋白核，外侧细胞壁的表面具 1～4 根长而尖的刺。细胞直径 4～10 μm，刺长 20～50 μm。

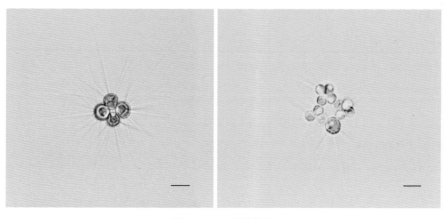

图 7-22　四刺微芒藻

拟多芒藻属Golenkiniopsis Korshikov 1953

植物体为单细胞，细胞球形，罕近椭圆形。细胞壁薄，外有极薄的胶被，表面具许多分布均匀的细长的中空的基部加厚或不加厚的长刺。色素体1个，杯状，周位，具1个球形或椭圆形的蛋白核。细胞核1个。

广泛分布于湖泊、池塘、河流等中富营养水体中。

1. 拟多芒藻（图7-23）

Golenkiniopsis solitaria (Korshikov) Korshikov, 1953; 毕列爵和胡征宇, 2004, p. 13,
  pl. V, fig. 1.

细胞球形。细胞壁上具16根或2根长的基部不加宽的向前渐尖的刺。色素体1个或2个，杯状，周位，每个色素体内具1个蛋白核。细胞直径9～15 μm，刺长20～30 μm。

 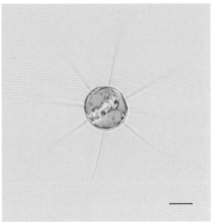

图7-23　拟多芒藻

2. 微细拟多芒藻（图7-24）

Golenkiniopsis parvula (Woronichin) Korshikov, 1953; 毕列爵和胡征宇, 2004, p. 14, pl. V, fig. 2.

细胞球形。细胞壁上具6根基部略加宽的极长的渐尖细刺。色素体1个，杯状，周位，具1个蛋白核。细胞直径8～10 μm，刺长15～30 μm。

图7-24　微细拟多芒藻

多芒藻属 *Golenkinia* Chodat 1894

植物体为单细胞,细胞球形。细胞壁薄,具一层很薄的胶被,表面具许多排列不规则的基部不明显粗大的纤细的无色透明的刺,刺有时因含铁而呈褐色。色素体1个,杯状,周位,具1个蛋白核。

广泛分布于湖泊、池塘、河流等中富营养水体中。

1. 辐射多芒藻(图7-25)

Golenkinia radiata Chodat, 1894; 毕列爵和胡征宇, 2004, p. 14, pl. V, fig. 3.

细胞球形。细胞壁表面的刺极纤细而长且无明显的基部加厚部分。色素体1个,充满整个细胞。细胞直径 12~20 μm,刺长 10~30 μm。

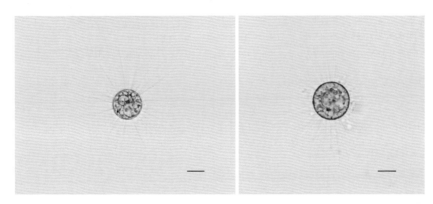

图7-25   辐射多芒藻

2. 短刺多芒藻(图7-26)

Golenkinia brevispina Korshikov, 1953; 毕列爵和胡征宇, 2004, p. 15, pl. V, fig. 5.

细胞球形,具一层明显的胶被。细胞壁表面具多数纤细的透明的基部不加厚的刺。色素体1个,杯状,充满整个细胞。细胞直径 8~19 μm,刺长 8~18 μm。

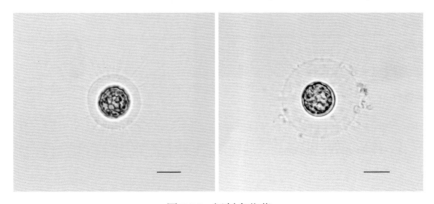

图7-26   短刺多芒藻

粗刺藻属 *Acanthosphaera* Lemmermann 1899

植物体为单细胞，细胞球形。细胞壁上具周位的细长刺，最多24根。色素体1个，侧位，杯状，具1个外面全为淀粉粒所包围的蛋白核，蛋白核位于细胞中央。

广泛分布于湖泊、池塘、河流等中富营养水体中。

1. 粗刺藻（图7-27）

Acanthosphaera zachariasii Lemmermann,
　1899; 毕列爵和胡征宇, 2004, p. 17, pl. VI,
　fig. 8.

细胞球形。细胞壁表面具6～24根刺，刺细长，基部明显粗大，通常占全刺长的1/4～1/3。细胞直径10～14 μm，刺长20～32 μm，基部粗大部分长7～8 μm。

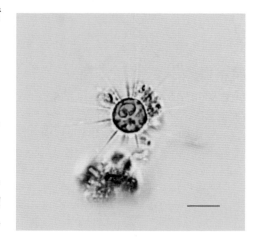

图7-27　粗刺藻

绿藻纲 Chlorophyceae　绿球藻目 Chlorococcales
小桩藻科 Characiaceae
小桩藻属 *Characium* Braun 1849

植物体为单细胞，细胞纺锤形、椭圆形、圆柱形、长圆形、卵形、长卵形或近球形等。细胞前端钝圆或尖锐，或者由顶端细胞壁延伸成为圆锥形或刺状凸起；下端细胞壁延长成为柄，柄的基部常膨大为盘状或小球形以固着于底物上；色素体1个，叶状，周位，具1个蛋白核。

附着在丝状藻、其他物体上，随附着物一起浮于水体中。

1. 狭形小桩藻（图7-28）

Characium angustum Braun, 1855; 毕列爵和胡征宇, 2004, p. 21, pl. VII, fig. 6.

细胞长纺锤形，左右对称，顶端略突出。柄短而粗，基部扩大呈盘状。细胞长25～27 μm，宽9～11 μm。

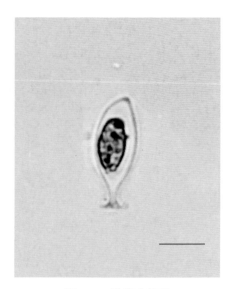

图7-28　狭形小桩藻

弓形藻属 *Schroederia* (Lemmermann) Korschikoff 1953

植物体为单细胞，细胞针形、长纺锤形、新月形、弧曲形和螺旋状，直或弯曲。细胞两端的细胞壁延伸成长刺，刺直或略弯，末端均尖细。色素体1个，周位，片状，几乎充满整个细胞，常具1个蛋白核。细胞核1个，老细胞可有多个。

广泛分布于湖泊、池塘、河流等中富营养水体中。

1. 弓形藻（图7-29）

Schroederia setiger (Schröder) Lemmermann, 1898; 毕列爵和胡征宇, 2004, p. 26, pl. VIII, fig. 10.

细胞纺锤形。两端细胞壁延伸为细长的无色的刺，末端均尖细。色素体具1个蛋白核，罕2个。细胞长18～40 μm，宽5～7 μm，含刺长100～120 μm。

2. 硬弓形藻（图7-30）

Schroederia robusta Korshikov, 1953; 毕列爵和胡征宇, 2004, p. 27, pl. VIII, fig. 13.

细胞常略弯曲呈弓形或新月形，中部纺锤形或长纺锤形。两端细胞壁分别延伸成刺，向前渐尖。细胞含刺长100～110 μm，宽4～6 μm。

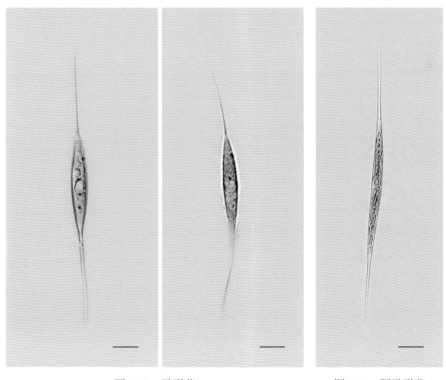

图7-29　弓形藻　　　　　　　图7-30　硬弓形藻

3. 印度弓形藻（图7-31）

Schroederia indica Philipose, 1967; 毕列爵和胡征宇, 2004, p. 27, pl. VIII, fig. 14.

细胞略弯曲，呈新月形或半圆形，背部凸出，腹部凹入或略平直。细胞壁自细胞两端各自延伸形成尖刺，刺直或略弯曲，无色，不与细胞的纵轴成一条直线。细胞长40～50 μm，宽6～11 μm，刺长17～28 μm。

4. 螺旋弓形藻（图7-32）

Schroederia spiralis (Printz) Korshikov, 1953; 毕列爵和胡征宇, 2004, p. 27, pl. VIII, figs. 15-16.

细胞纺锤形。细胞壁两端渐细并延伸为无色的细长的刺。整个细胞，包括刺在内扭曲为螺旋状。细胞长35～40 μm，宽5～7 μm，刺长30～33 μm。

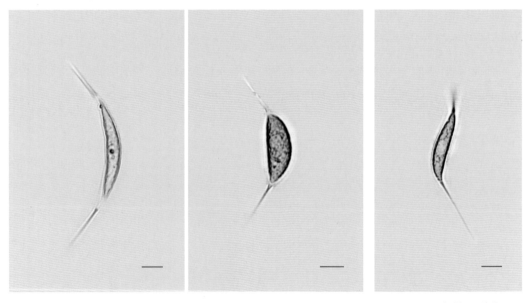

图7-31　印度弓形藻　　　　　　　　图7-32　螺旋弓形藻

绿藻纲Chlorophyceae　绿球藻目Chlorococcales
小球藻科Chlorellaceae
小球藻属 *Chlorella* Beijerinck 1890

植物体为单细胞，细胞多为球形或椭圆形，体积相差较大。色素体1个，罕多于1个，杯状或片状，周位，具1个蛋白核或无。

分布于湖泊、池塘、河流等中富营养水体中。

1. 小球藻（图7-33）

Chlorella vulgaris Beijerinck, 1890; 毕列爵和胡征宇, 2004, p. 31, pl. IX, figs. 11-12.

细胞球形。色素体1个，杯状，只占细胞的一半或稍多，具1个蛋白核。细胞直径 5～10 μm。

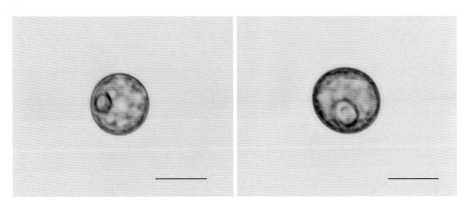

图7-33　小球藻

集球藻属 *Palmellococcus* Chodat 1894

植物体为单细胞，细胞球形或椭圆形。细胞壁光滑，较厚。色素体盘状，幼细胞 1个，成熟细胞2至数个，不具蛋白核。

分布于湖泊、池塘、河流等中富营养水体中。

1. 集球藻（图7-34）

Palmellococcus miniatus (Kützing) Chodat, 1894; 毕列爵和胡征宇, 2004, p. 32, pl. IX, figs. 15-17.

细胞球形。细胞壁较厚。色素体3～6个，盘状，周位。细胞直径10～12 μm。

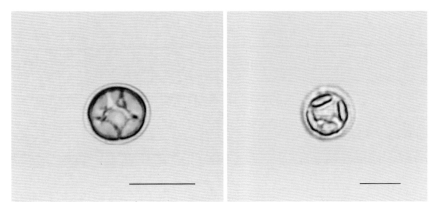

图7-34　集球藻

顶棘藻属 *Lagerheimiella* Chodat 1895

　　植物体为单细胞，极罕有胶被。细胞卵形、椭圆形、卵圆柱形，两端多宽圆或略光圆。细胞壁无色，两端或两端及中部具褐色或无色的长短不一的刺，2至数根，刺基部具或不具常为褐色的结节或凸起部分。色素体1至数个，片状或盘状，周位，具1个或不具蛋白核。

　　广泛分布于湖泊、池塘、河流等中富营养水体中。

1. 柯氏顶棘藻（图7-35）

Lagerheimiella chodatii Bernard, 1908; 毕列爵和胡征宇, 2004, p. 35, pl. X, fig. 5.

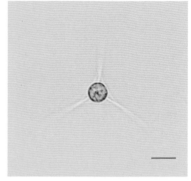

　　细胞球形。细胞壁表面具4根较长的刺，通常十字排列于一个平面上，有时呈四面体状。色素体片状，具1个蛋白核。细胞直径6～8 μm，刺长20～24 μm。

图7-35　柯氏顶棘藻

2. 日内瓦顶棘藻（图7-36）

Lagerheimiella genevensis Chodat, 1895; 毕列爵和胡征宇, 2004, p. 35, pl. X, fig. 6.

　　细胞柱状卵形或广卵圆形。细胞壁两端具刺，每端各2根，排列在一个平面上。色素体片状，周位，具1个蛋白核。细胞长6～8 μm，宽3～4 μm，刺长10～15 μm。

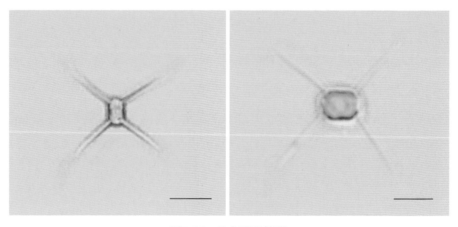

图7-36　日内瓦顶棘藻

3. 十字顶棘藻（图7-37）

Lagerheimiella wratislaviensis Schroeder, 1897; 毕列爵和胡征宇, 2004, p. 36, pl. X, fig. 7.

　　细胞卵圆形或椭圆形，两端广圆。细胞壁表面具4根刺，两端各1根，中间部分左右各1根，直或略弯，基部加厚，排列在一个平面上，呈十字形。色素体侧位，具1个不清楚的蛋白核。细胞长9～12 μm，宽5～8 μm，刺长17～24 μm。

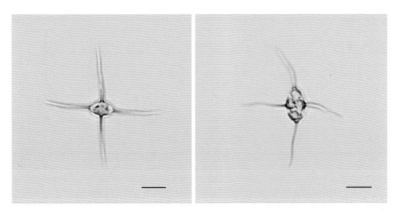

图7-37　十字顶棘藻

4. 柠檬形顶棘藻（图7-38）

Lagerheimiella citriformis (Snow) Collins, 1918; 毕列爵和胡征宇, 2004, p. 37, pl. X, fig. 11.

细胞椭圆形到卵圆形，两端具喙状凸起。细胞壁两端具刺，每端有4～8根，纤细。色素体单一，具1个蛋白核。细胞长15～30 μm，宽8～15 μm，刺长15～50 μm。

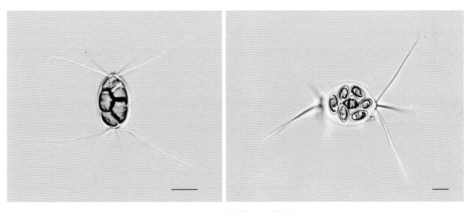

图7-38　柠檬形顶棘藻

5. 长刺顶棘藻（图7-39）

Lagerheimiella longiseta (Lemmermann) Printz, 1913; 毕列爵和胡征宇, 2004, p. 37, pl. XI, fig. 1.

细胞椭圆形，两端钝圆。细胞壁两端各具4～10根不规则分布的刺。色素体1个，具1个蛋白核。细胞长10～15 μm，宽7～8 μm，刺长35～50 μm。

6. 盐生顶棘藻（图7-40）

Lagerheimiella subsalsa Lemmermann, 1898; 毕列爵和胡征宇, 2004, p. 38, pl. XI, fig. 2.

细胞椭圆形到长圆形，两端广圆。细胞壁两端各具3～5根不规则分布的刺。色素体片状，具1个蛋白核。细胞长9～12 μm，宽6～8 μm，刺长15～20 μm。

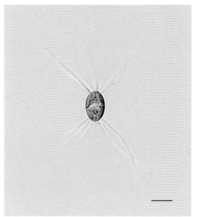 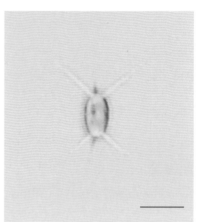

图7-39　长刺顶棘藻　　　　图7-40　盐生顶棘藻

四角藻属 *Tetraedron* Kützing 1845

植物体为单细胞，细胞扁平三角形、四角形、五角形、多角形，或立体四角、五角、多角锥状。每个细胞含2个，多为3～5个或更多向外伸出的角突，角突较短或较长，不分叉或1～2次分叉或更多次分叉，顶端或分叉的顶端平滑，或者由细胞壁延伸形成粗或细、长或短、宽或窄、直或弯曲，在或不在同一个平面上数量不同的刺，罕有皱纹、点纹或颗粒。色素体1个到多个，多为盘状，周位，具1个或不具蛋白核。

广泛分布于湖泊、池塘、河流等中富营养水体中，种类较多，但很难形成优势种。

1. 钝角四角藻（图7-41）

Tetraedron muticum (Braun) Hansgirg, 1888; 毕列爵和胡征宇, 2004, p. 46, pl. XIII, fig. 7.

细胞扁平，三角形，边缘略凹入。角突钝尖，无刺。细胞壁平滑。不具蛋白核。细胞宽12～15 μm。

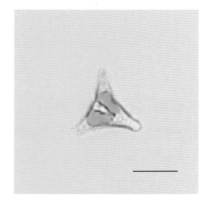

图7-41　钝角四角藻

2a. 三角四角藻（图7-42）

Tetraedron trigonum (Nägeli) Hansgirg, 1888; 毕列爵和胡征宇, 2004, p. 47, pl. XIII, figs. 9-10.

　　细胞扁平，三角形，边缘凹入，有时近平直或微外凸。角突钝尖，顶生1根直或略弯的刺，角突两侧边缘直或微外凸。细胞含刺宽20～25 μm，刺长2～5 μm。

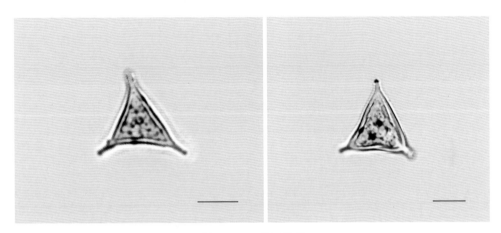

图7-42　三角四角藻

2b. 三角四角藻纤细变种（图7-43a）

Tetraedron trigonum var. ***gracile*** Reinsch, 1920; 毕列爵和胡征宇, 2004, p. 47, pl. XIV, figs. 1-2.

　　细胞扁平，三角形，极罕四角形，侧面内凹。角突前端尖细，成1根结实且直的长刺。细胞壁平滑。细胞含刺宽22～34 μm，刺长8～12 μm。

2c. 三角四角藻具疣变种（图7-43b）

Tetraedron trigonum var. ***verrucosum*** Jao, 1947; 毕列爵和胡征宇, 2004, p. 48, pl. XIV, figs. 3-4.

　　细胞扁平，三角形，侧边约等长且略外凸。每角突顶端具1根直且较粗的长刺，有时刺略弯曲。细胞壁上有分布不规则的疣瘤。细胞含刺宽25～35 μm。

2d. 三角四角藻颗粒变种（图7-43c）

Tetraedron trigonum var. ***granulatum*** Jao, 1996; 毕列爵和胡征宇, 2004, p. 48, pl. XIV, fig. 5.

　　细胞扁平，三角形，三边等长，略内凹。角突顶端具1根尖刺。细胞壁较厚而均匀，表面上密布大小一致而略尖的颗粒。细胞含刺宽36~45 μm。

2e. 三角四角藻乳头变种（图7-43d）

Tetraedron trigonum var. ***papilliferum*** Jao, 1996; 毕列爵和胡征宇，2004, p. 48, pl. XIV, fig. 6.

细胞扁平，三角形，三边约等长，略内凹。角突顶端各具1较钝的乳头。细胞宽10~12 μm。

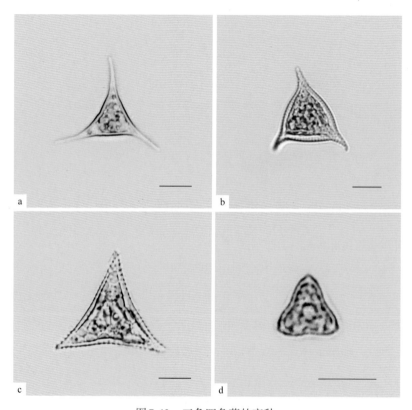

图7-43　三角四角藻的变种
a.三角四角藻纤细变种；b.三角四角藻具疣变种；c.三角四角藻颗粒变种；d.三角四角藻乳头变种

3. 方形四角藻（图7-44）

Tetraedron quadratum (Reinsch) Hansgirg, 1889; 毕列爵和胡征宇，2004, p. 48, pl. XIV, fig. 8.

细胞扁平，镜面观四方形，边缘平直或微凸，具4个角突，侧面观长方形。角突顶端各具1根短刺。细胞含刺宽21~24 μm。

4. 细小四角藻（图7-45）

Tetraedron minimum (Braun) Hansgirg, 1889; 毕列爵和胡征宇, 2004, p. 49, pl. XIV, figs. 9-10.

细胞扁平，镜面观为整齐或略不整齐四边形，边缘内凹，有时一对边缘较另一对更内凹。角突4个，钝圆或略尖，顶端无刺或罕具1个细小突孔。细胞宽6～8.5 μm。

5. 整齐四角藻砧形变种（图7-46）

Tetraedron regulare var. ***incus*** Teiling, 1912; 毕列爵和胡征宇, 2004, p. 51, pl. XV, fig. 3.

细胞扁平，四边形或四角锥形，四边略等长或不等长，内凹或不内凹或稍有凸出。角突4个，前端各有1根长度不等，向前渐尖，直或略弯的刺。细胞包括角突宽25～42 μm，角突长11～14 μm。

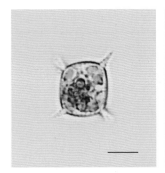 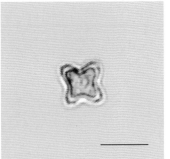 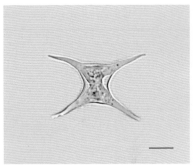

图7-44　方形四角藻　　　　图7-45　细小四角藻　　　　图7-46　整齐四角藻砧形变种

6a. 戟形四角藻（图7-47a）

Tetraedron hastatum (Reinsch) Hansgirg, 1888; 毕列爵和胡征宇, 2004, p. 52, pl. XV, fig. 10.

细胞边缘向内深凹而呈四角锥形，罕近四角形。角突4个，狭长，向前延伸较长，并略变狭窄，顶端具2～3根短而光滑的刺。细胞包括角突宽28～33 μm。

6b. 戟形四角藻鄂状变种（图7-47b-c）

Tetraedron hastatum var. ***palatinum*** (Schmidle) Lemmermann, 1903; 毕列爵和胡征宇, 2004, p. 52, pl. XV, fig. 11.

细胞四角锥形，边缘略凸出。角突4个，狭长，两侧几乎平行，而不渐狭，前端具2～3根短刺。细胞（不包括角突）直径14～16 μm，角突长8～12 μm。

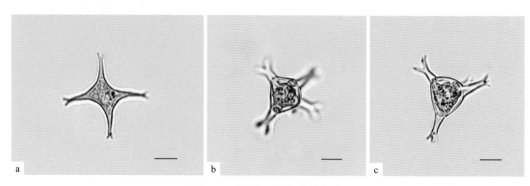

图7-47   戟形四角藻及其变种

a. 戟形四角藻；b-c. 戟形四角藻鄂状变种

7. 湖生四角藻（图7-48）

Tetraedron limneticum Borge, 1900; 毕列爵和胡征宇, 2004, p. 52, pl. XVI, fig. 1.

　　细胞四角锥状，边缘不等长，有不同程度的凹入。角突4个，每个角突具1~2次二分叉，分枝顶端具2~3根短刺。细胞含刺宽30~38 μm。

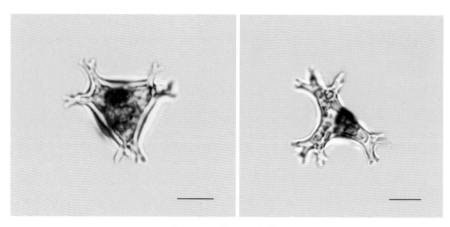

图7-48   湖生四角藻

8. 纤细四角藻（图7-49）

Tetraedron gracile (Reinsch) Hansgirg, 1889; 毕列爵和胡征宇, 2004, p. 54, pl. XVI, fig. 7.

　　细胞扁平，四方形，边缘及两角中间均深凹。角突4个，角突延伸而使细胞呈十字状，每个角突有1~2次的二分叉，顶端不具或具2~3根短刺。细胞包括角突宽35~50 μm。

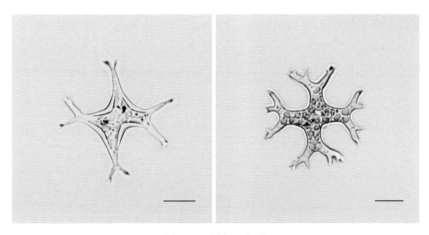

图 7-49　纤细四角藻

9. 微小四角藻（图 7-50）

Tetraedron pusillum (Wallich) West et West, 1897；毕列爵和胡征宇, 2004, p. 55, pl. XVI, fig. 8.

　　细胞侧扁，正面观十字形，侧面微凹或近平直。角突 4 个，每个角突末端分叉为 2 根粗短刺，边缘均内凹。细胞含短刺宽 30～36 μm。

10. 维克多四角藻（图 7-51）

Tetraedron victoricea Woloszynska, 1992；毕列爵和胡征宇, 2004, p. 56, pl. XVII, fig. 2.

　　细胞呈"H"形并在中间峡部扭曲，使细胞的两半呈交叉状，两侧边缘凹入。角突 4 个，每个角突顶端各具 1 根粗且较长的刺。细胞含刺宽 24～30 μm，刺长 5～7 μm。

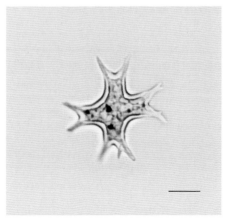

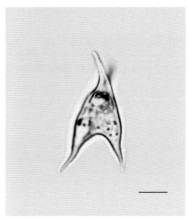

图 7-50　微小四角藻　　　　　图 7-51　维克多四角藻

11. 具尾四角藻（图7-52）

Tetraedron caudatum (Corda) Hansgirg, 1888; 毕列爵和胡征宇, 2004, p. 57, pl. XVII, fig. 6.

　　细胞扁平, 五边形, 边缘均内凹, 其中一边凹入特别窄而深, 呈"裂缝"状。角突5个, 钝圆, 顶端各具1根刺, 刺与植物体位于同一平面。细胞宽7～10 μm, 刺长4～7 μm。

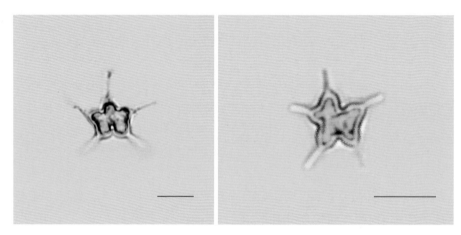

图7-52　具尾四角藻

12a. 分叶四角藻厚大变种（图7-53a）

Tetraedron lobulatum var. ***crassum*** Prescott, 1944; 毕列爵和胡征宇, 2004, p. 58, pl. XXXII, fig. 2.

　　细胞三角锥形或多角锥形, 边缘平直或微凹。角突5个或更多, 延伸较短, 顶端2次二分叉, 第二次分叉形成2短刺。细胞包括角突宽27～31 μm。

12b. 分叶四角藻多叉变种（图7-53b）

Tetraedron lobulatum var. ***polyfurcatum*** Smith, 1916; 毕列爵和胡征宇, 2004, p. 58, pl. XVII, fig. 11.

　　细胞四边形或不规则四边形, 多角状或较扁平。角突延伸, 4个、5个或更多, 顶端多次二叉或三叉状分枝, 分枝中间的边均内凹。细胞包括角突宽35～45 μm。

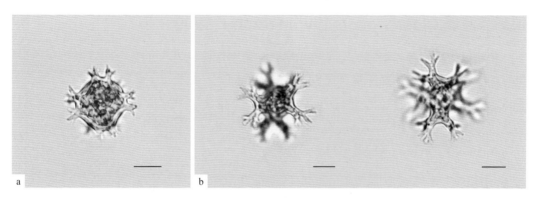

图 7-53　分叶四角藻的变种

a. 分叶四角藻厚大变种；b. 分叶四角藻多叉变种

多突藻属 *Polyedriopsis* Schmidle 1899

植物体为单细胞，细胞扁平或为角锥状。细胞壁边缘多凹入，罕有略凸出者。角突 4 个、5 个或多个，顶端钝圆，具 3～10 根细长渐尖的刺。色素体 1 个，片状，周位，具 1 个蛋白核。

见于湖泊、池塘、河流等中富营养水体中。

1. 多突藻（图 7-54）

Polyedriopsis spinulosa (Schmidle) Schmidle, 1899; 毕列爵和胡征宇, 2004, p. 59, pl. XVII, fig. 12.

细胞角锥形。角突 5 个，钝圆，顶端有 3～4 根细长的向前渐尖的刺。细胞宽 16～24 μm，刺长 14～22 μm。

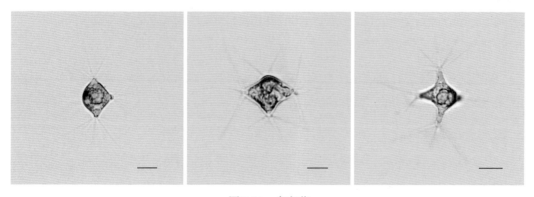

图 7-54　多突藻

拟新月藻属 *Closteriopsis* Lemmermann 1899

植物体为单细胞，细胞长纺锤形或略弯，两端延伸成为细长的尖端。细胞壁薄而平滑，无胶被。色素体周位，螺旋带状，不位于细胞的两端，具多个（14～16个）排成一列的蛋白核。

见于湖泊、池塘、河流等水体中。

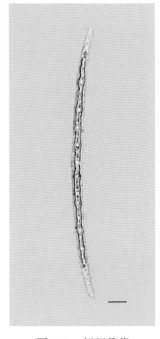

图7-55　拟新月藻

1. 拟新月藻（图7-55）

Closteriopsis longissima (Lemmermann) Lemmermann, 1899; 毕列爵和胡征宇, 2004, p. 62, pl. XVIII, fig. 3.

细胞为极细长的纺锤形或针形，直或略弯，两侧近平行，两端渐尖，各具尖或略圆的末端。色素体周位，螺旋带状，具多个排成一列的蛋白核。细胞长140～160 μm，宽2.5～4.5 μm。

单针藻属 *Monoraphidium* Komárková-Legnerová 1969

植物体多为单细胞，细胞为长或短的纺锤形，直或明显或轻微弯曲，呈弓状、近圆环状、"S"形或螺旋形等，两端多渐尖细或较宽圆。色素体片状，周位，多充满整个细胞，罕在中部留有1个小空隙，不具或罕具1个蛋白核。

广泛分布于湖泊、池塘、河流等中富营养水体中。

1. 格里佛单针藻（图7-56）

Monoraphidium griffithii (Berkeley) Komárková-Legnerová, 1969; 毕列爵和胡征宇, 2004, p. 64, pl. XVIII, figs. 5-6.

细胞狭长纺锤形，直或轻微弯曲，两端直而渐尖。色素体1个，周位，片状，无蛋白核。细胞长43～78 μm，宽2～4 μm。

2. 科马克单针藻（图7-57）

Monoraphidium komarkovae Nygaard, 1979; 毕列爵和胡征宇, 2004, p. 64, pl. XVIII, fig. 7.

细胞为极细长的纺锤形，中部圆柱状，直或近平直，有时略弯曲，两端渐尖细，延伸较长。色素体1个，片状，周位，不具蛋白核。细胞长30～60 μm，宽2～4 μm。

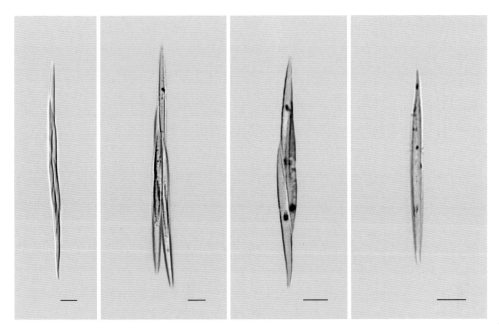

图7-56　格里佛单针藻

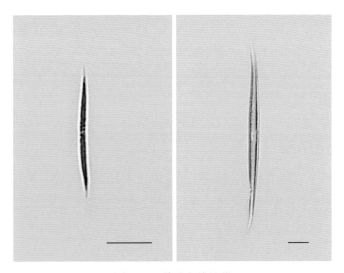

图7-57　科马克单针藻

3. 弓形单针藻（图7-58）

Monoraphidium arcuatum (Korshikov) Hindák, 1970; 毕列爵
　和胡征宇, 2004, p. 64, pl. XVIII, figs. 8-9.

　　细胞常弯曲呈圆弓形，两侧边大部分近平行，两端渐狭，
顶端各具1根刺。色素体1个，片状，周位，充满整个细胞，
无蛋白核。细胞长15～20 μm，宽3～5 μm。

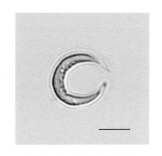

图7-58　弓形单针藻

4. 奇异单针藻（图7-59）

Monoraphidium mirabile (West et West) Pankow, 1976; 毕列爵和胡征宇, 2004, p. 65, pl. XVIII, fig. 11.

细胞极细长，呈各种弯曲，两端渐狭，先端极尖锐。色素体1个，充满整个细胞，但中部略有凹入，无蛋白核。细胞长45～62 μm，宽2～5 μm。

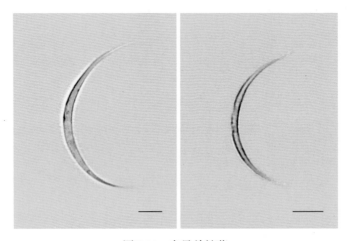

图7-59 奇异单针藻

5. 不规则单针藻（图7-60）

Monoraphidium irregulare (Smith) Komárková-Legnerová, 1969; 毕列爵和胡征宇, 2004, p. 65, pl. XIX, fig. 1.

细胞长纺锤形，有不规则多次弯曲，或1～2圈螺旋状弯曲，两端渐狭，各具1个细长尖端。色素体1个，片状，周位，无蛋白核。细胞长20～25 μm，宽2～4 μm。

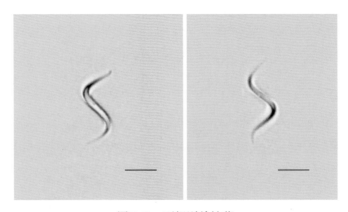

图7-60 不规则单针藻

6. 卷曲单针藻（图7-61）

Monoraphidium circinale (Nygaard) Nygaard, 1979; 毕列爵
和胡征宇，2004, p. 67, pl. XIX, fig. 6.

细胞纺锤形，环状，两端渐狭。色素体1个，片状，周
位，无蛋白核。细胞长16～20 μm，宽7～8 μm。

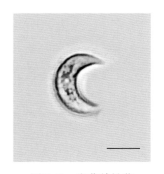

图7-61　卷曲单针藻

7. 细小单针藻（图7-62）

Monoraphidium minutum (Nägeli) Komárková-Legnerová,
1969; 毕列爵和胡征宇，2004, p. 68, pl. XIX, fig. 8.

细胞短纺锤形或较宽的新月形，极弯曲或呈"S"形，两端宽圆。色素体1个，片
状，周位，常充满整个细胞，无蛋白核。细胞长6～8 μm，宽3～7 μm。

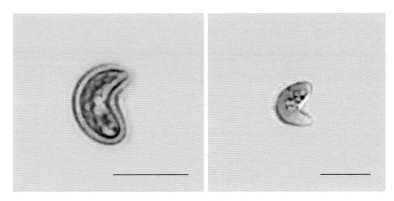

图7-62　细小单针藻

月牙藻属 *Selenastrum* Reinsch 1866

植物体常4个、8个或更多（16个、32个等）细胞聚在一起。细胞为有规则的新月
形或镰形，两端尖；常以其背部凸出的部分互相接触而成外观较有规则的四边形。色
素体1个，片状，周位，具1个或不具蛋白核。

广泛分布于湖泊、池塘、河流等中富营养水体中。

1. 纤细月牙藻（图7-63）

Selenastrum gracile Reinsch, 1866; 毕列爵和胡征宇；2004, p. 69, pl. XIX, fig. 9.

细胞新月形或镰形，两端渐狭而同向弯曲，以细胞的背部凸出部分相接触，有时8
个、16个、32个，甚至64个细胞群集于一起，均无胶被。色素体1个，片状。细胞长
11～20 μm，宽3～5 μm。

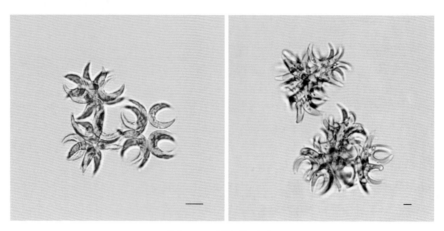

图 7-63　纤细月牙藻

纤维藻属 *Ankistrodesmus* Corda 1838

植物体为单细胞，偶有胶被；或者由2个、4个、8个、16个或更多细胞聚集于一起，呈各种形态，具或不具共同胶被。细胞大多细长，纺锤形，直或弯曲，呈新月形或镰形，两端尖细，或较短，或较宽圆。色素体1个，周位，片状，不具或偶具1个蛋白核。

广泛分布于湖泊、池塘、河流等中富营养水体中。

1. 针形纤维藻（图7-64）

Ankistrodesmus acicularis (Braun) Korshikov, 1953; 毕列爵和胡征宇, 2004, p. 71, pl. XX, fig. 2.

细胞窄，从中部到末端渐狭而尖，无胶被。色素体充满整个细胞，不具蛋白核。细胞长 100～200 μm，宽 3～6 μm。

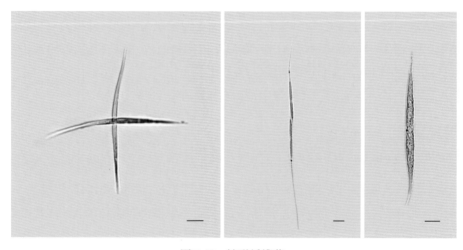

图 7-64　针形纤维藻

2a. 镰形纤维藻（图7-65a-b）

Ankistrodesmus falcatus (Corda) Ralfs, 1848; 毕列爵和胡征宇, 2004, p. 73, pl. XX, fig. 6.

细胞常在细胞背面中部略凸处相连，并以其长轴互相平行整体成为束状，体外无或极罕有共同胶被。细胞纤细，长纺锤形，两端渐尖细，有时略弯曲呈弓形或镰刀状。色素体片状，具1个蛋白核。细胞长 30～50 µm，宽3～4 µm。

2b. 镰形纤维藻放射变种（图7-65c）

Ankistrodesmus falcatus var. *radiatus* (Chodat) Lemmermann, 1908; 毕列爵和胡征宇, 2004, p. 74, pl. XX, fig. 8.

细胞中部向两端逐渐尖锐，细胞弓形或弯曲或略直，聚集时其中部比较集中，呈放射状排列。色素体除中部有几处凹入，几乎充满整个细胞，无蛋白核。细胞长 50～60 µm，宽4～6 µm。

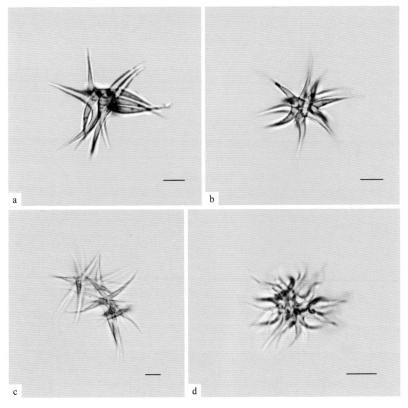

图7-65　镰形纤维藻及其变种

a-b. 镰形纤维藻；c. 镰形纤维藻放射变种；d. 镰形纤维藻极小变种

2c. 镰形纤维藻极小变种（图7-65d）

Ankistrodesmus falcatus var. *tenuissimus* Jao, 2004; 毕列爵和胡征宇, 2004, p. 74, pl. XX, fig. 9.

　　细胞弓形，自细胞中部向两端渐狭，两端略反向弯曲而尖锐。色素体周位，不具蛋白核。细胞长10～15 μm，宽约1 μm。

3. 螺旋纤维藻束状变种（图7-66）

Ankistrodesmus spiralis var. *fasciculatus* Smith, 1922; 毕列爵和胡征宇, 2004, p. 75, pl. XX, fig. 11.

　　植物体常由50～200个细胞聚集而成，且整个外形略呈辐射状，中部较紧密，两端均游离。细胞细长，近"S"形弯曲，纺锤形，两端渐狭。细胞长50～60 μm，宽1～2 μm。

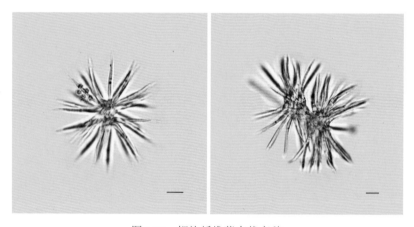

图7-66　螺旋纤维藻束状变种

4. 密集纤维藻（图7-67）

Ankistrodesmus densus Korshikov, 1953; 毕列爵和胡征宇, 2004, p. 76, pl. XXI, fig. 2.

　　细胞长圆柱状，沿长轴方向的两个侧边近平行，两端急尖，不同程度弯曲或轻度螺旋扭曲，以其中部略平行或不平行的相互接触。色素体片状，不具蛋白核。细胞长40～60 μm，宽3～5 μm。

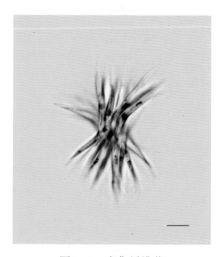

图7-67　密集纤维藻

月形藻属 *Closteridium* Reinsch 1888

植物体单细胞，或者由2个、4个或更多的细胞聚集。细胞新月形或近新月形，两端向前略尖细。不具或极罕具1个蛋白核。

分布于湖泊、池塘、河流等中富营养水体中。

1. 孟加拉月形藻（图7-68）

Closteridium bengalicum Turner, 1893; 毕列爵和胡征宇, 2004, p. 78, pl. XXI, fig. 4.

细胞新月形，常每2个细胞以背部贴靠成对，2个或4对又可以不十分规则地聚集，但多背部向内。细胞两端向前略细，末端各具短刺。细胞长15～18 μm，宽5～7 μm。

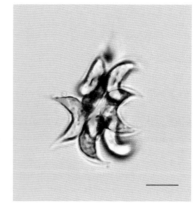

图7-68　孟加拉月形藻

双绿藻属 *Diplochloris* Korschikov 1939

植物体罕为单细胞；多2个细胞为一组，但并不紧贴，聚集在一个无色而又不十分显著的共同胶被中。细胞长圆柱形，或纺锤形到长卵形，弯曲而呈"S"形，两端尖或圆，细胞壁平滑。大多数情况，总可以在两个细胞中部侧边看到有交叉的十字形。色素体1个，周位，具或不具蛋白核。

见于湖泊、池塘中。

1. 新月双绿藻（图7-69）

Diplochloris lunata (Fott) Fott, 1979; 毕列爵和胡征宇, 2004, p. 79, pl. XXI, fig. 6.

细胞常2个一组，附着在母细胞壁的胶质残留部分上，偶以其背部附着。细胞新月形，侧面观为长纺锤形，两端较圆。色素体片状，无蛋白核。细胞长15～18 μm，宽5～7 μm。

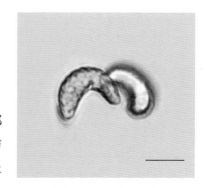

图7-69　新月双绿藻

蹄形藻属 *Kirchneriella* Schmidle 1893

植物体极罕有单细胞个体，常由2个、4个、8个、16个、32个或更多的细胞聚集于一个无色透明的共同胶被内，整个胶被为球形或近球形，常由于熔融而不清晰或不见，细胞间并无紧密的相互连接。细胞新月形、半月形、马蹄形或镰刀形，罕为圆锥

形或不十分对称的椭圆形，两端宽或狭窄，向前渐尖或圆而略具尖，两端之间的直线
距离在不同种中有很大差别。色素体1个，片状，周位，充满整个细胞而罕在两端各具一空隙，不具或具1个蛋白核。

广泛分布于湖泊、池塘、河流等中富营养水体中。

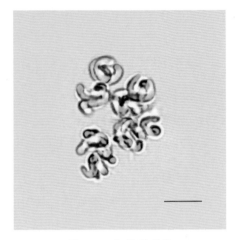

图7-70　扭曲蹄形藻

1. 扭曲蹄形藻（图7-70）

Kirchneriella contorta (Schmidle) Bohlin, 1897;
　毕列爵和胡征宇，2004, p. 80, pl. XXI, fig. 8.

　　细胞圆柱形，常弯曲呈弓形或不规则两端圆。色素体1个，充满整个细胞，不具蛋白核。细胞长7～10 μm，宽1.5～2 μm。

2. 蹄形藻（图7-71）

Kirchneriella lunaris (Kirchner) Möbius, 1894; 毕列爵和胡征宇，2004, p. 81, pl. XXI, fig. 11.

　　细胞不相互紧贴，常每4个略靠近聚于一起，在胶被中，多以外缘凸出部分朝向共同的中心。细胞新月形、镰刀形，外缘近圆形，内缘近卵形，两端渐尖。色素体1个，片状，充满整个细胞，具1个蛋白核。细胞长6～13 μm，宽5～8 μm。

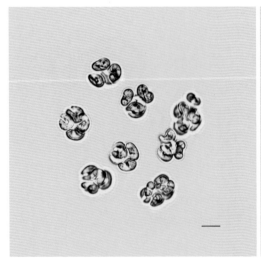 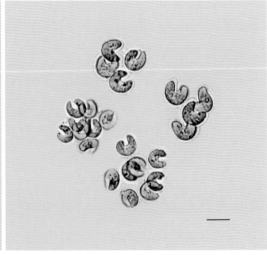

图7-71　蹄形藻

3. 肥蹄形藻（图7-72）

Kirchneriella obesa (West) West et West, 1894; 毕列爵和胡征宇, 2004, p. 82, pl. XXI, figs. 12-13.

　　细胞在胶被内彼此不紧密接触，大体上其外缘凸出而略共同朝向中心，排列不十分整齐。细胞粗短而较宽，弯曲呈马蹄形或近马蹄形，两端中间形成的缺口似"V"形，两端圆。色素体板状，充满整个细胞，具1个蛋白核。细胞长6～12 μm，宽8～14 μm。

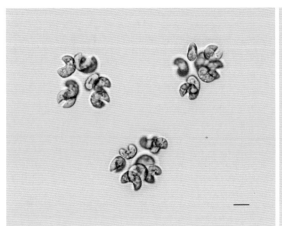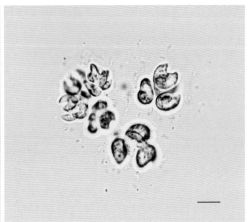

图7-72　肥蹄形藻

4. 开口蹄形藻（图7-73）

Kirchneriella aperta Teiling, 1912; 毕列爵和胡征宇, 2004, p. 82, pl. XXII, figs. 1-2.

　　细胞马蹄形，内缘的空隙多为宽"V"形，两端钝圆，有时一端较另一端略宽。不具或具1个蛋白核。细胞长8～13 μm，宽6～8 μm。

5. 具脂蹄形藻（图7-74）

Kirchneriella pinguis Hindák, 1977; 毕列爵和胡征宇, 2004, p. 83, pl. XXII, fig. 3.

　　细胞新月形，沿前轴多两侧不对称，两端圆，向末端稍尖。色素体1个，片状，周位或位于细胞中部，并不充满整个细胞，具1个蛋白核。细胞长6～9 μm，宽3～5 μm。

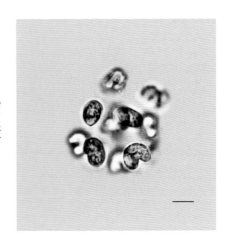

图7-73　开口蹄形藻

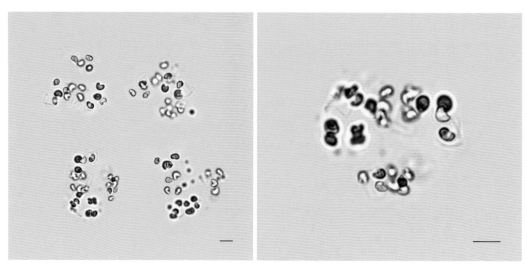

图 7-74　具脂蹄形藻

6. 戴安娜蹄形藻（图7-75）

Kirchneriella dianae (Bohlin) Comas, 1980; 毕列爵和胡征宇, 2004, p. 84, pl. XXII, fig. 7.

细胞常成若干组，较分散在胶被内。细胞新月形，强烈弯曲，致其两端非常接近，两端尖。色素体充满整个细胞，具1个蛋白核。细胞长8～12 μm，5～8 μm。

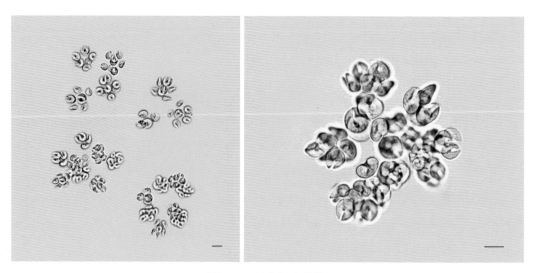

图 7-75　戴安娜蹄形藻

纺锤藻属 *Elakatothrix* Wille 1898

植物体由2个、4个或更多细胞聚集在一个透明的共同胶被内，罕为单细胞。细胞多纺锤形，罕圆柱状，两端具尖或圆的末端，两侧常不对称。色素体1个，周位，具1～2个蛋白核。

分布于湖泊、池塘、河流等中富营养水体中。

1. 日内瓦纺锤藻（图7-76）

Elakatothrix genevensis (Reverdin) Hindák, 1962; 毕列爵和胡征宇, 2004, p. 85, pl. XXII, fig. 10.

细胞长纺锤形，左右略不对称，具2个窄而较尖的末端。色素体片状，具1～2个蛋白核。细胞长22～28 μm，宽3～5 μm。

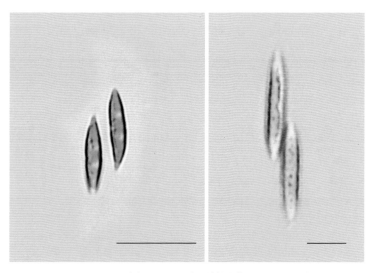

图7-76　日内瓦纺锤藻

并联藻属 *Quadrigula* Printz 1916

植物体为单细胞；或者由2个、4个、8个或更多的细胞聚集在一个共同的透明胶被内，常2个或4个或更多为一组，各以其长轴互相平行排列，但细胞间并不紧密相连，其上下两端平齐或不平齐或相互错列，略与共同胶被的长轴相平行，偶略垂直，分散在胶被之内。细胞多为纺锤形、新月形、柱状长圆形或长椭圆形等，两端略尖细。色素体1个，片状，周位，不具或具1～2个蛋白核。

分布于湖泊、池塘、河流等中富营养水体中。

1. 沙生并联藻（图7-77）

Quadrigula sabulosa Hindák, 1980; 毕列爵和胡征宇, 2004, p. 86, pl. XXII, fig. 11.

　　植物体由4个、8个或16个细胞聚集在一个透明的近球形的公共胶被内，常4个或2个，以其长轴互相平行并排在一起，上下两头，大体平齐，罕有错列。细胞宽纺锤形，有时略弯曲，两端向前渐细，具两个圆顶末端，罕有1个或2个尖端。具1个或不具蛋白核。细胞长10～14 μm，宽4～5 μm。

2. 新月并联藻（图7-78）

Quadrigula closterioides (Bohlin) Printz, 1916; 毕列爵和胡征宇, 2004, p. 86, pl. XXII, fig. 12.

　　植物体由4个、8个或更多细胞聚集在一个公共的长圆形胶被内，常2个、4个或8个一组，以其长轴互相平行纵列，上下两头常平齐。细胞纺锤形或略呈新月形，两个长边不平行，常有一边略弯曲，两端渐细。细胞长22～28 μm，宽2.5～4 μm。

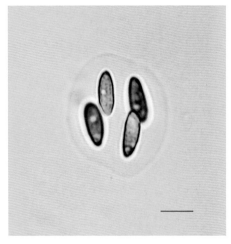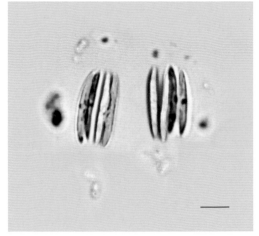

图7-77　沙生并联藻　　　　　　　　　图7-78　新月并联藻

3. 湖生并联藻（图7-79）

Quadrigula lacustris (Chodat) Smith, 1920; 毕列爵和胡征宇, 2004, p. 87, pl. XXII, fig. 13.

　　植物体由4个、8个、16个或更多细胞聚集在一个透明的两端较尖的纺锤形胶被中，常2个、4个或更多细胞一组，以其长轴相互平行，以侧面一部分互相接触并与胶被的长轴平行。细胞纺锤形，直或略有弯曲，两端较尖。色素体1个，片状，周位，具1个蛋白核。细胞长17～26 μm，宽4～5 μm。

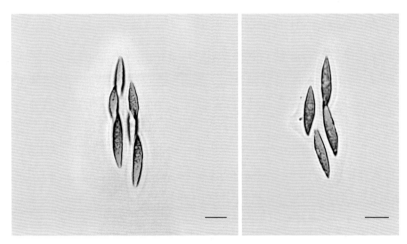

图7-79　湖生并联藻

缱带藻属 *Desmatractum* West et West 1902

植物体为单细胞，细胞球形、近球形或椭球形，细胞内壁自两端向中间汇合，在细胞赤道部位相连，连接处内缢或外凸。色素体幼时单一，成熟时2个或多数，杯状。

分布于湖泊、池塘、河流等中富营养水体中。

1. 具盖缱带藻（图7-80）

Desmatractum indutum (Geitler) Pascher, 1930; 毕列爵和胡征宇, 2004, p. 90, pl. XXIV, fig. 5.

细胞椭球形，外有被膜，具12~14条纵脊；赤道部分内缢，两端延伸成细长尖刺。色素体2个，片状。细胞包括被膜长80~108 μm，宽8~10 μm。

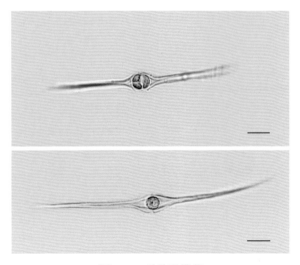

图7-80　具盖缱带藻

四棘藻属 *Treubaria* Bernard 1908

植物体为单细胞，外有胶被，但常不易见到。细胞球形或近球形，侧面常内凹，使细胞具数个圆顶状分瓣。细胞壁薄而光滑，外有一层无色，罕为褐色的被膜；被膜向外伸出3个、4个或更多（多达8个）极为显著的形态各异的突出的角，角中空，基部常较宽，前延伸部分多具平行的两边，至顶端渐窄或渐尖细，罕为细长的刺，所有的角在或不在同一个平面上，连接各角的顶端可看出整个细胞为三角、四角锥形或不规则的多角立体锥形。色素体在幼时单一，杯状，老时多个，块状或网状，充满整个细胞。

广泛分布于湖泊、池塘、河流等中富营养水体中。

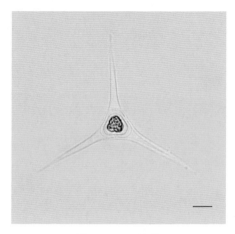

1. 四棘藻（图7-81）

Treubaria triappendiculata Bernard, 1908; 毕列爵和胡征宇, 2004, p. 91, pl. XXIV, fig. 7.

单细胞三角形、四角形或三角锥形，被膜具3～4个角，角呈圆锥状，自基部向顶端渐尖。细胞直径8～10 μm；刺长40～46 μm，基部宽10～12 μm。

图7-81　四棘藻

2. 多刺四棘藻（图7-82）

Treubaria euryacantha (Schmidle) Korshikov, 1953; 毕列爵和胡征宇, 2004, p. 91, pl. XXIV, fig. 9.

细胞球形，被膜具6个圆锥形无色角状凸起，排列在一个平面上。色素体块状，在每个角状凸起基部对应1个蛋白核。细胞直径11～13 μm；角状凸起长13～35 μm，基部宽4～6 μm。

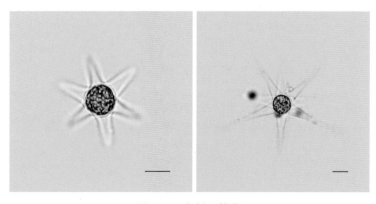

图7-82　多刺四棘藻

3. 施氏四棘藻（图7-83）

Treubaria schmidlei (Schröder) Fott et Kovácik, 1975; 毕列爵和胡征宇, 2004, p. 92, pl. XXIV, fig. 10.

细胞具3～4个角，角宽圆，边略凹，角部突出成透明的长刺状被膜，刺基宽，两边向前渐窄至端尖。细胞直径13～16 μm，刺长42～58 μm。

4. 粗刺四棘藻（图7-84）

Treubaria crassispina Smith, 1926; 毕列爵和胡征宇, 2004, p. 92, pl. XXIV, fig. 6.

细胞三角锥形或近三角锥形，被膜具棘刺状凸起，棘较粗，两侧边平行，呈柱状，顶端急尖。细胞直径15～18 μm；刺长32～45 μm，直径5～7 μm。

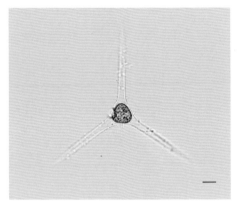

图7-83　施氏四棘藻

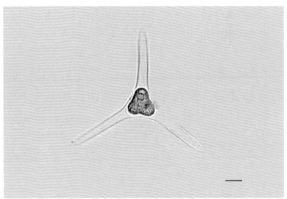

图7-84　粗刺四棘藻

厚枝藻属 *Pachycladella* Silva 1970

植物体为单细胞，细胞球状或略四角状，外无胶被，表面具4～8个刺，排列在一个平面上或呈四角锥状，刺渐狭，直或弯曲，无色或褐色，末端钝或二叉状。色素体1个，具1个蛋白核。

见于中富营养的小水体中。

1. 厚枝藻（图7-85）

Pachycladella umbrina (Smith) Silva, 1970; 毕列爵和胡征宇, 2004, p. 92, pl. XXV, fig. 1.

细胞球状或略四角形，表面具4个透明或褐色的角，角直，有时略弯曲，十字形排列在

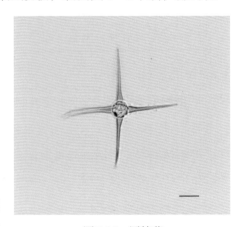

图7-85　厚枝藻

一个平面上，渐狭，末端钝形或呈叉状。色素体1个，充满整个细胞，具1个蛋白核。细胞直径8~10 μm，刺长22~28 μm。

拟粒囊藻属 *Granulocystopsis* Hindák 1977

植物体为单细胞，母细胞内常含有4个、8个细胞或似亲孢子。细胞宽圆形或卵形，两端广圆，细胞壁两极规则地排列有颗粒状凸起，其余部分平滑，偶在中部亦有凸起。色素体1~4个，杯状，周位；具蛋白核，罕缺。

见于湖泊、长江干流等水体中。

1. 假冠拟粒囊藻（图7-86）

Granulocystopsis pseudocoronata (Korshikov)
Hindák, 1977; 毕列爵和胡征宇, 2004, p. 96,
pl. XXV, fig. 5.

细胞卵形，末端广圆，包被在厚的胶鞘中。细胞壁光滑，但有褐色颗粒在两极呈环状排列。色素体2个，杯状，周位，各具1个蛋白核。细胞长12~14 μm，宽6~8 μm。

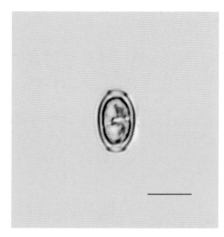

图7-86　假冠拟粒囊藻

卵囊藻属 *Oocystis* Nägeli 1855

植物体为单细胞，细胞壁能扩大和不同程度胶化，并能在一段时间内保持一定的形态，常包括2~16个似亲孢子在内，使整个母细胞成为细胞数目固定，但不互相联结的细胞群体。细胞具各种不同形状和大小，细胞壁薄或厚，壁的两端常有特别加厚，并分别形成大小不同的圆锥状或结节。色素体1个或多个，具各种不同的形状，多为周位或侧位，每个色素体内具1个或不具蛋白核。

广泛分布于湖泊、池塘、河流等中富营养水体中。

1. 颗粒卵囊藻（图7-87）

Oocystis granulata Hortobágyi, 1962; 毕列爵和胡征宇, 2004, p. 100, pl. XXVII,
fig. 1.

细胞椭圆形，端圆，外被厚而具颗粒的胶被。色素体1~3个，片状，周位，具或不具蛋白核。细胞长7~12 μm，宽6~11 μm；胶被直径30~40 μm。

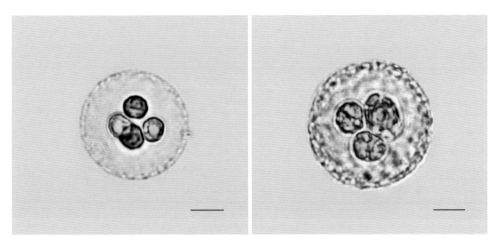

图 7-87　颗粒卵囊藻

2. 湖生卵囊藻（图 7-88）

Oocystis lacustris Chodat, 1897; 毕列爵和胡征宇, 2004, p. 101, pl. XXVII, fig. 2.

母细胞内含 2～8 个细胞。细胞纺锤形，两端微尖，细胞壁有短圆锥状加厚。色素体 1～4 个，片状，周位，各具 1 个蛋白核。细胞长 12～20 μm，宽 10～15 μm。

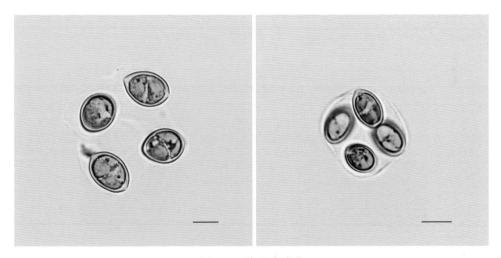

图 7-88　湖生卵囊藻

3. 水生卵囊藻（图 7-89）

Oocystis submarina Lagerheim, 1886; 毕列爵和胡征宇, 2004, p. 101, pl. XXVII, figs. 3-5.

母细胞内含 2～4 个或更多细胞。细胞长椭圆形，细胞壁两端有短圆锥状的增厚。色素体 1～2 个，各具 1 个蛋白核。细胞长 14～17 μm，宽 10～12 μm。

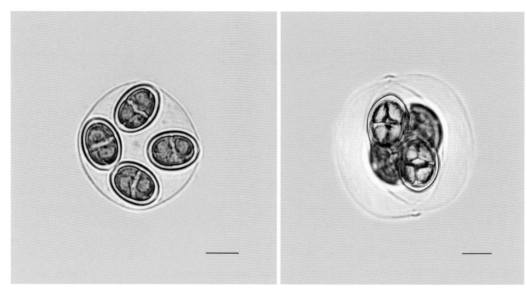

图 7-89　水生卵囊藻

4. 湖南卵囊藻（图 7-90）

Oocystis hunanensis Jao, 1940; 毕列爵和胡征宇, 2004, p. 104, pl. XXVII, fig. 12.

　　母细胞内有 2～4 个细胞。细胞宽椭圆形，长略大于宽，两端宽圆，细胞壁不加厚。色素体多数，周位，各具 1 个蛋白核。细胞直径 12～17 μm。

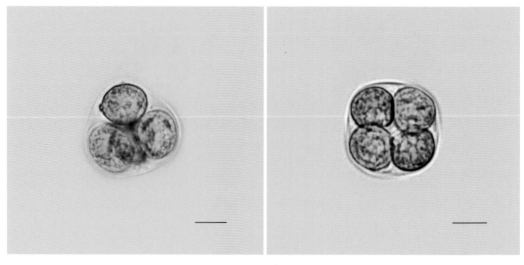

图 7-90　湖南卵囊藻

5. 椭圆卵囊藻（图7-91）

Oocystis elliptica West, 1892; 毕列爵和胡征宇，
　　2004, p. 105, pl. XXVIII, figs. 1-2.

　　细胞长圆形，两端广圆，细胞壁不具圆锥状加厚。色素体10～20个，盘状，周位，不具蛋白核。细胞长16～19 μm，宽12～15 μm。

图7-91　椭圆卵囊藻

6. 小形卵囊藻（图7-92）

Oocystis parva West et West, 1898; 毕列爵和胡征宇，2004, p. 105, pl. XXVIII, fig. 3.

　　母细胞内含2～8个细胞。细胞宽或窄椭圆形，两端钝尖，细胞壁不具圆锥状加厚或极罕具有。色素体1～2个，盘状，周位，各具1个蛋白核。细胞长10～13 μm，宽6～8 μm。

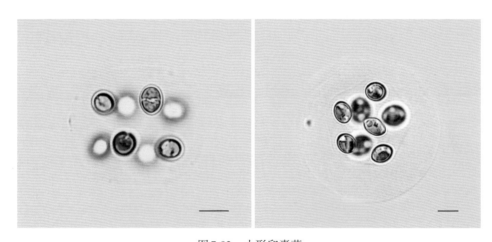

图7-92　小形卵囊藻

7. 菱形卵囊藻（图7-93）

Oocystis rhomboidea Fott, 1933; 毕列爵和胡征宇，2004, p. 105, pl. XXVIII, fig. 4.

　　母细胞内含2～16个细胞。细胞宽椭圆形，两端略钝尖，细胞壁无锥状增厚，有时每个细胞内又含2～4个子细胞。细胞两端常有空泡或油滴，色素体1个，片状，侧位，具1个蛋白核。细胞长6～10 μm，宽5～7 μm。

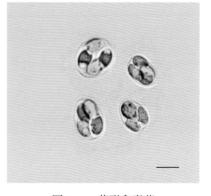

图7-93　菱形卵囊藻

8. 细小卵囊藻（图7-94）

Oocystis pusilla Hansgirg, 1890; 毕列爵和胡征宇, 2004, p. 106, pl. XXVIII, fig. 6.

母细胞内含4～8个细胞。细胞椭圆形，细胞壁两端不加厚。色素体2个，片状，周位，无蛋白核。细胞长9～13 μm，宽6～8 μm。

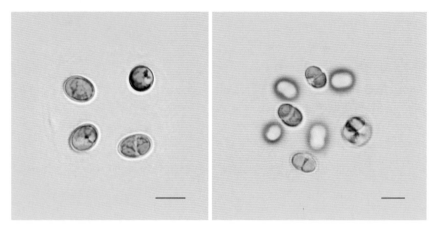

图7-94　细小卵囊藻

肾形藻属 *Nephrocytium* Nägeli 1849

植物体常由2个、4个、8个或16个细胞组成群体，群体细胞包被在由母细胞壁胶化的胶被中，常呈螺旋状排列。细胞肾形、卵形、新月形、半球形、柱状长圆形或长椭圆形等，弯曲或略弯曲。色素体1个，周位，片状，具1个蛋白核。

分布于湖泊、池塘、河流等中富营养水体中。

1. 肾形藻（图7-95）

Nephrocytium agardhianum Nägeli, 1849; 胡鸿钧和魏印心, 2006, p. 632, pl. XIV-23, fig. 18.

群体具2个、4个或8个细胞。细胞肾形，一侧略凹入，另一侧凸出，两端钝圆。细胞长16～20 μm，宽8～12 μm。

2. 新月肾形藻（图7-96）

Nephrocytium lunatum West, 1892; 胡鸿钧和魏印心, 2006, p. 632, pl. XIV-23, figs. 16-17.

群体具2个、4个、8个或16个细胞。细胞新月形，两端渐细，顶端尖，呈螺旋状排列。细胞长10～14 μm，宽3～5 μm。

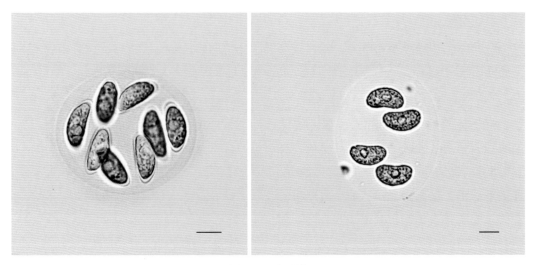

图7-95　肾形藻

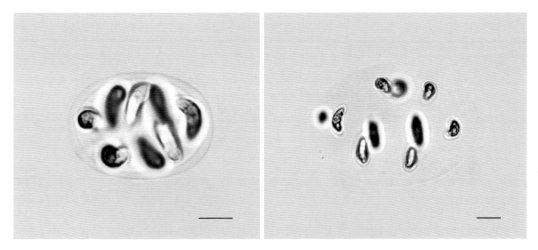

图7-96　新月肾形藻

绿群藻属 *Coenochloris* Korshikov 1953

植物体由2个、8个、16个或更多细胞组成群体，群体细胞排列紧密，其中4个细胞排列呈角锥状，或8个细胞排列呈球状。群体胶被无色，不明显，具明显的母细胞壁残留。细胞呈球形或近球形，细胞壁光滑；具1个杯状或片状色素体，充满整个细胞，具或不具蛋白核。

分布于湖泊、池塘、河流等中富营养水体中。

1. 鱼绿群藻（图7-97）

Coenochloris piscinalis Fott 1974;
　　Kormárek and Fott, 1983, p. 387, pl.
　　114, fig. 7.

　　植物体由16个细胞组成群体，群体细胞排列紧密呈球形。群体胶被无色，具2个明显的母细胞壁残留，位于群体两端。细胞呈球形，细胞壁光滑；具1个片状色素体，充满整个细胞，具1个蛋白核。细胞直径7～10 μm。

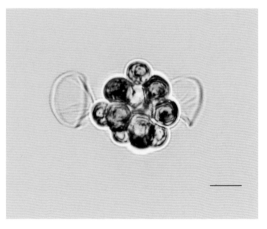

图7-97　鱼绿群藻

胶囊藻属 *Gloeocystis* Nägeli 1849

　　植物体为单细胞，或者在扩大的母细胞内含2～4（～8）个或更多细胞的群体。细胞壁均产生极厚的无色的同质或明显分层的胶质层。胶质层使群体各细胞之间没有直接的连接。细胞球形、近球形、卵形或其他形状。色素体1个，幼时杯状，周位，成熟后常分散充满整个细胞，具1个蛋白核。

　　见于长江干流中。

1. 泡状胶囊藻（图7-98）

Gloeocystis vesiculosa Nägeli, 1849; 毕列爵和胡征宇, 2004, p. 108, pl. XXVIII, figs. 9-10.

　　群体胶被球形、近球形，胶被无色，极厚而分层，常含2～8个细胞。细胞球形，细胞壁具极厚而分层的胶质。细胞直径8～11 μm。

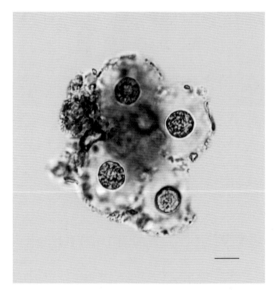

图7-98　泡状胶囊藻

球囊藻属 *Sphaerocystis* Chodat 1897

　　植物体为球形的胶群体，由2个、4个、8个、16个或32个细胞组成，各细胞以等距离规律地排列在群体胶被的四周。细胞球形，细胞壁明显。色素体周位，杯状，具1个蛋白核。

见于中富营养的小水体中。

1. 球囊藻（图 7-99）

Sphaerocystis schroeteri Chodat, 1897; 胡
鸿钧和魏印心, 2006, p. 636, pl. XIV-17,
fig. 8.

群体球形，胶被无色透明或由于铁的沉淀
而呈黄褐色。群体直径 40～150 μm，细胞直径
6～12 μm。

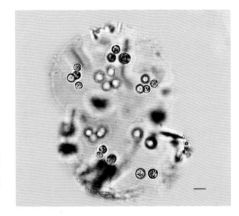

图 7-99　球囊藻

葡萄藻属 *Botryococcus* Kützing 1849

植物体为原始集结体，或多个原始集结体连成的复合集结体，具共同胶被，卵形、
球形或不规则形。细胞椭圆形、球形，常 2～4 个一组，埋藏在由母细胞壁残余构成的
胶质中，呈放射状位于胶质部分的近表面处。细胞的基部位于逐层加厚并成为杯状的
母细胞壁之内，顶部多朝外，亦为部分母细胞壁所包裹。整个胶质部分坚韧而有弹性，
形状不规则，常有分叶，表面不平滑，有时成为杯状部分的柄。色素体 1 个，杯状或有
分叶，具 1 个蛋白核。

分布于湖泊、池塘、河流等水体中。

1. 葡萄藻（图 7-100）

Botryococcus braunii Kützing, 1849; 毕列爵和胡征宇, 2004, p. 113, pl. XXIX, fig. 7.

细胞侧面观卵形或宽卵形，顶面观圆形，略呈辐射状排列在集结体表面，细胞基

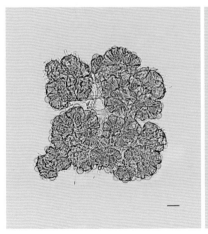
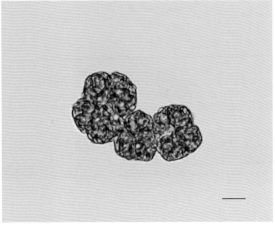

图 7-100　葡萄藻

部埋藏在母细胞壁残余部分形成的胶质中，顶部通常裸露在外。细胞多为黄绿色。细胞长9～12 μm，宽6～10 μm。

绿藻纲Chlorophyceae　绿球藻目Chlorococcales
网球藻科 Dictyosphaeraceae
网球藻属 *Dictyosphaerium* Nägeli 1849

集结体由2个、4个、8个、16个或32个细胞组成，常被包在一个共同的胶被之内。细胞球形、卵形、椭圆形或肾形，彼此分离，以母细胞壁分裂所形成的二分叉或四分叉胶质丝或胶质膜相连接。色素体1个，杯状，周位或位于细胞基部，具1个或不具蛋白核。

广泛分布于湖泊、池塘、河流等中富营养水体中。

1. 网球藻（图7-101）

Dictyosphaerium ehrenbergianum Nägeli, 1849; 毕列爵和胡征宇, 2004, p. 118, pl. XXX, fig. 3.

细胞椭圆形或卵形，每个细胞在长轴一侧中部与胶柄的一端连接。具1个蛋白核。细胞长4～10 μm，宽3～7 μm。

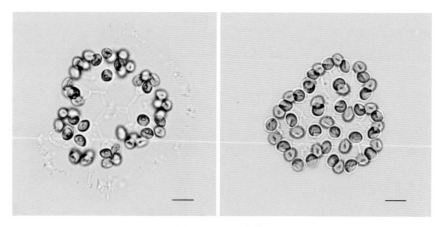

图7-101　网球藻

2. 美丽网球藻（图7-102）

Dictyosphaerium pulchellum Wood, 1873; 毕列爵和胡征宇, 2004, p. 118, pl. XXX, fig. 4.

细胞球形，与重复二分叉的胶质柄末端相连，常4个细胞一组。具一个蛋白核。细胞直径4～10 μm。

3. 四叉网球藻（图7-103）

Dictyosphaerium tetrachotomum Printz, 1914;
毕列爵和胡征宇, 2004, p. 119, pl. XXX,
fig. 6.

细胞卵形，以狭端与放射状二分叉的胶质丝柄顶端相连，常4个细胞一组。具1个蛋白核。细胞直径4～8 μm。

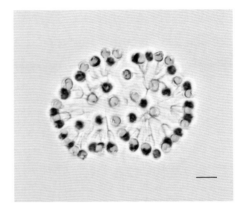

图7-102　美丽网球藻

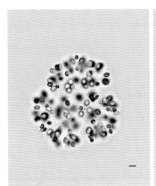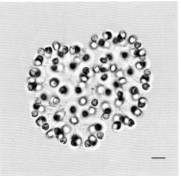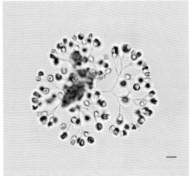

图7-103　四叉网球藻

4. 简单网球藻（图7-104）

Dictyosphaerium simplex Korshikov, 1953; 毕列爵和胡征宇, 2004, p. 120, pl. XXXI,
fig. 3.

植物体仅由4个细胞组成。细胞卵形或略不规则的球形，具1个蛋白核。细胞直径5～8 μm。

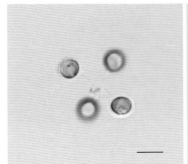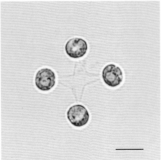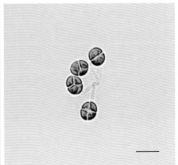

图7-104　简单网球藻

绿藻纲 Chlorophyceae　绿球藻目 Chlorococcales
水网藻科 Hydrodictyaceae
聚盘星藻属 *Soropediastrum* Wille 1924

植物体由8个或16个细胞组成球形或卵形的真性集结体。细胞梯形或近卵状梯形，细胞间以其基部相连接，具1个杯状色素体，无蛋白核。

见于鄱阳湖、太平湖等水体中。

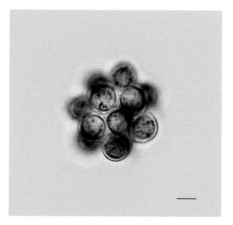

图7-105　圆形聚盘星藻

1. 圆形聚盘星藻（图7-105）

Soropediastrum rotundatum Wille, 1924; 刘国祥和胡征宇, 2012, p. 3, pl. I, figs. 4-6.

细胞球形至梯形，角宽圆，两细胞在窄的基部处相连接，无任何凸起。细胞直径12～14 μm。

盘星藻属 *Pediastrum* Meyen 1829

植物体由4个、8个、16个、32个、64个（或128个）细胞排列成一层细胞的真性集结体，集结体圆盘状、星状，有时卵形或略不整齐，无穿孔或具穿孔。外层细胞常具1个、2个或4个角突，有时凸起上具胶质毛丛。内层细胞常为多角形，具或不具角突。细胞壁较厚，表面平滑或具颗粒或网纹。

广泛分布于湖泊、池塘、河流等中富营养水体中。

1. 整齐盘星藻小齿变种（图7-106）

Pediastrum integrum var. *braunianum* (Grunow) Nordstedt, 1878; 刘国祥和胡征宇, 2012, p. 4, pl. I, fig. 7.

细胞间无穿孔。外层细胞外缘具小齿和2个极短的角突。细胞常为五边形，罕见六边形，细胞壁具颗粒。细胞长12～21 μm，宽18～23 μm；角突长1.5～3 μm。

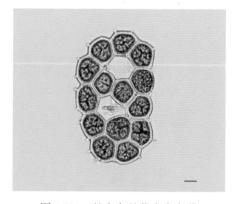

图7-106　整齐盘星藻小齿变种

2. 卵形盘星藻（图7-107）

Pediastrum ovatum (Ehrenberg) Braun, 1855; 刘国祥和胡征宇, 2012, p. 5, pl. II, fig. 4.

细胞间具穿孔。外层细胞卵圆形，具1个长角突，侧边凸出。内层细胞卵形或近多角形。细胞壁具细颗粒。外层细胞长18～43 μm（其中角突长10～15 μm），宽12～20 μm；内层细胞长10～25 μm，宽11～23 μm。

图7-107　卵形盘星藻

3a. 单角盘星藻对突变种（图7-108a）

Pediastrum simplex* var. *duodenarium (Bailey) Rabenhorst, 1868; 刘国祥和胡征宇，2012, p. 6, pl. II, fig. 6.

细胞间具大穿孔。细胞近三角形，三边均凹。外层细胞具尖而长的角突，2个凸起成对排列。外层细胞长23～28 μm（其中角突长7～9 μm），宽12～14 μm；内层细胞长12～14 μm，宽13～15 μm。

3b. 单角盘星藻颗粒变种（图7-108b-c）

Pediastrum simplex* var. *granulatum Lemmermann, 1898; 刘国祥和胡征宇，2012, p. 7, pl. III, fig. 2.

细胞间无穿孔或具极小穿孔。外层细胞略呈五边形，外侧的两边延长成1个渐窄的角突，周边凹入。内层细胞五边形或六边形。细胞壁具颗粒。外层细胞长18～33 μm（其中角突长6～20 μm），宽10～12 μm；内层细胞长8～12 μm，宽7～13 μm。

3c. 单角盘星藻斯氏变种（图7-108d）

Pediastrum simplex* var. *sturmii (Reinsch) Wolle, 1887; 刘国祥和胡征宇，2012, p. 7, pl. III, figs. 3-4.

细胞间具或不具穿孔。外层细胞略呈五边形，外侧两边延长成1个渐窄的角突，周边凹入。内层细胞五边形。细胞壁具小颗粒或光滑。外层细胞长35～40 μm（其中角突长14～18 μm），宽16～20 μm；内层细胞长9～13 μm，宽8～13 μm。

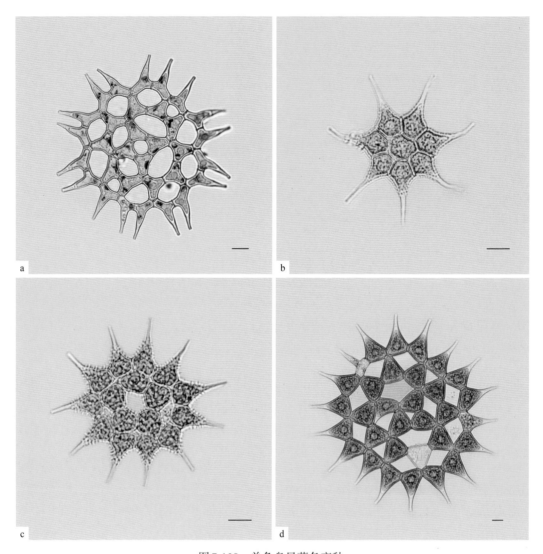

图 7-108　单角盘星藻各变种

a. 单角盘星藻对突变种；b-c. 单角盘星藻颗粒变种；d. 单角盘星藻斯氏变种

4. 具孔盘星藻（图 7-109）

Pediastrum clathratum (Schrödor) Lemmermann, 1897; 刘国祥和胡征宇, 2012, p. 7, pl. III, figs. 5-7.

　　细胞间具显著穿孔。外层细胞略呈等腰三角形，其中两侧边向等腰三角形的中轴线凹入，并形成一个长角突，细胞间以其基部紧密挤压而连接。内层细胞多角形，未与其他细胞连接处的细胞壁均向内凹陷。细胞壁光滑。外层细胞长 18～23 μm（其中角突长 6～11 μm），宽 10～14 μm；内层细胞长 11～14 μm，宽 8～10 μm。

5. 具角盘星藻（图7-110）

Pediastrum angulosum Ehrenberg ex Meneghini, 1840; 刘国祥和胡征宇, 2012, p. 9, pl. IV, figs. 5-6.

细胞间不穿孔。外层细胞宽大于长，具2个较短的角突，两角突间具较浅的缺刻。内层细胞四角至六角形。细胞壁有时增厚，具网纹，罕平滑。外层细胞长19～23 μm，宽22～28 μm；内层细胞长16～24 μm，宽13～17 μm。

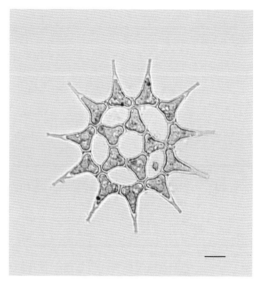

图7-109　具孔盘星藻　　　　　　　　图7-110　具角盘星藻

6a. 短棘盘星藻镊尖变种（图7-111a）

Pediastrum boryanum var. *forcipatum* (Corda) Chodat, 1902; 刘国祥和胡征宇, 2012, p. 10, pl. V, fig. 1.

集结体细胞间无穿孔。外层细胞深裂，具2个前端渐尖的角突，角突有时对向靠合，呈镊尖状。内层细胞五边至多边形。细胞壁具颗粒。外层细胞长10～14 μm（其中角突长4～6 μm），宽9～11 μm；内层细胞长8～10 μm，宽7～9 μm。

6b. 短棘盘星藻长角变种（图7-111b-c）

Pediastrum boryanum var. *longicorn* (Reinsch) Hansgirg, 1867; 刘国祥和胡征宇, 2012, p. 10, pl. V, fig. 3.

细胞间无穿孔。外层细胞具2个延伸的长角突，角突顶端常膨大呈小球状。外层细胞长12～15 μm（其中角突长3～5 μm），宽8～10 μm；内层细胞长6～8 μm，宽4～6 μm。

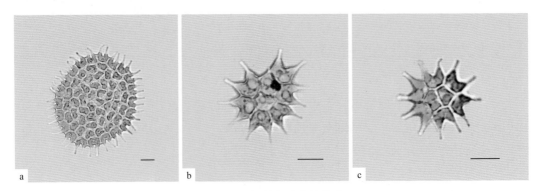

图7-111 短棘盘星藻的变种
a. 短棘盘星藻锯尖变种；b-c. 短棘盘星藻长角变种

7a. 二角盘星藻（图7-112a）

Pediastrum duplex Meyen, 1829; 刘国祥和胡征宇, 2012, p. 12, pl. VI, fig. 4.

细胞间具小的透镜状穿孔。外层细胞近四方形，具2个顶端钝圆或平截的角突，细胞间以其基部相连接。内层细胞近四方形或多边形。细胞壁光滑，各边均内凹。外层细胞长12～15 μm（其中角突长2～4 m），宽10～12 μm；内层细胞长9～13 μm，宽8～10 μm。

7b. 二角盘星藻纤细变种（图7-112b）

Pediastrum duplex var. ***gracillimum*** West et West, 1895; 刘国祥和胡征宇, 2012, p. 13, pl. VII, fig. 3.

细胞间具大穿孔。细胞狭长，细胞宽度与角突的宽度约相等。内外层细胞同形。外层细胞长16～20 μm（其中角突长4～6 m），宽12～15 μm；内层细胞长12～16 μm，宽8～10 μm。

7c. 二角盘星藻弯曲变种（图7-112c）

Pediastrum duplex var. ***recurvatum*** Braun, 1855; 刘国祥和胡征宇, 2012, p. 14, pl. VII, fig. 6.

细胞间具穿孔。外层细胞具2个外弯的粗壮角突。外层细胞长8～11 μm（其中角突长4～6 m），宽11～14 μm。

7d. 二角盘星藻网状变种（图7-112d-e）

Pediastrum duplex var. ***reticulatum*** Lagerheim, 1882; 刘国祥和胡征宇, 2012, p. 14, pl. VII, fig. 7.

细胞间具大穿孔。外层细胞具2个长而近平行的角突，角突中部膨大，尖端变细，顶端平截。外层细胞长14～20 μm（其中角突长4～6 m），宽12～16 μm；内层细胞长12～16 μm，宽10～13 μm。

7e. 二角盘星藻近颗粒变种（图7-112f）

Pediastrum duplex var. **subgranulatum** Raciborski, 1889; 刘国祥和胡征宇, 2012, p. 15, pl. VIII, fig. 5.

细胞间具小穿孔。外层细胞的2个角突顶端略具齿。细胞壁具颗粒。外层细胞长14～17 μm（其中角突长3～5 m），宽11～14 μm；内层细胞长12～14 μm，宽9～11 μm。

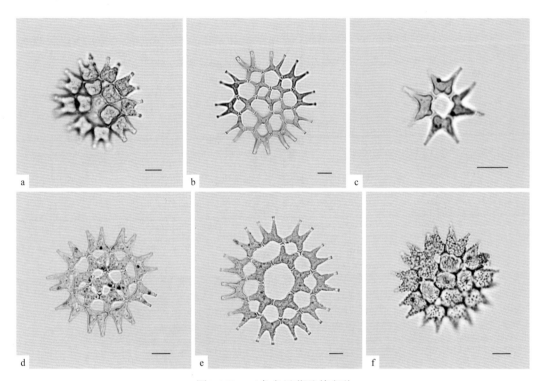

图7-112　二角盘星藻及其变种

a. 二角盘星藻；b. 二角盘星藻纤细变种；c. 二角盘星藻弯曲变种；d-e. 二角盘星藻网状变种；f. 二角盘星藻近颗粒变种

8a. 双射盘星藻（图7-113a-b）

Pediastrum biradiatum Meyen, 1932; 刘国祥和胡征宇, 2012, p. 15, pl. VIII, fig. 6.

集结体由8个细胞组成，具穿孔。外层细胞具深裂的两瓣，瓣的末端具分枝状缺刻，细胞之间以其基部相连接。内层细胞亦具分裂的两瓣，但末端不具缺刻，细胞两侧均凹入。细胞壁光滑。外层细胞长10～12 μm（其中角突长2～4 μm），宽7～11 μm；内层细胞长8～10 μm，宽7～9 μm。

8b. 双射盘星藻长角变种（图7-113c-d）

Pediastrum biradiatum var. ***longecornutum*** Gutwinski, 1896; 刘国祥和胡征宇, 2012, p. 15, pl. IX, fig. 1.

外层细胞的两瓣各具2个分叉的尖锐长角突。外层细胞长5.5～12 μm（其中角突长3～4 μm），宽5～11 μm。

8c. 双射盘星藻微缺变种（图7-113e）

Pediastrum biradiatum var. ***emarginatum*** (Ehrenberg) Lagerheim, 1882; 刘国祥和胡征宇, 2012, p. 16, pl. IX, fig. 2.

外层细胞具深裂的两瓣，各瓣有较深的凹入，形成2个角突。外层细胞长6～12 μm（其中角突长2～4 μm），宽4～8 μm；内层细胞长5～8 μm，宽4～7 μm。

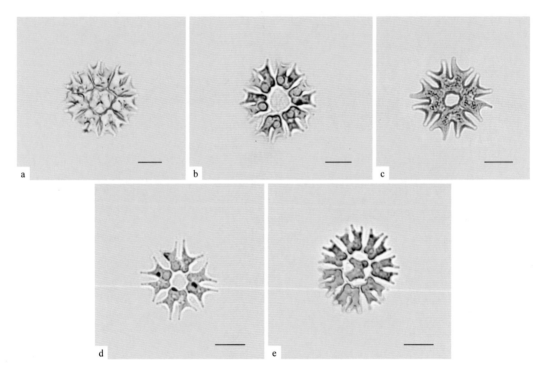

图7-113 双射盘星藻及其变种

a-b. 双射盘星藻；c-d. 双射盘星藻长角变种；e. 双射盘星藻微缺变种

9a. 四角盘星藻（图7-114a）

Pediastrum tetras (Ehrenberg) Ralfs, 1845; 刘国祥和胡征宇, 2012, p. 16, pl. IX, fig. 5.

细胞间无穿孔。外层细胞钝齿形，外缘具线形到楔形的深缺刻，被缺刻分裂的2个裂瓣在靠近细胞表层的外壁或浅或深地凹入，细胞间连接处约为细胞长的2/3。内层细胞为近直边的四边至六边形。细胞壁光滑。外层细胞长7～11 μm，宽7～12 μm；内层细胞长7～9 μm，宽5～8 μm。

9b. 四角盘星藻离体变种（图7-114b）

Pediastrum tetras var. ***excisum*** (Braun) Hansgirg, 1888; 刘国祥和胡征宇, 2012, p. 17, pl. IX, fig. 7.

外层的细胞外侧壁深裂，具2个裂片状凸起，角突细长，末端尖锐。外层细胞长7～11 μm（其中角突长3～4 μm），宽5～10 μm；内层细胞长7～8 μm，宽5～10 μm。

9c. 四角盘星藻四齿变种（图7-114c）

Pediastrum tetras var. ***tetraodon*** (Corda) Hansgirg, 1888; 刘国祥和胡征宇, 2012, p. 17, pl. X, figs. 1-2.

外层细胞的外壁具深缺刻，被缺刻分裂的2个裂瓣的外壁延伸成2个尖的角突，一个较长，另一个较短。外层细胞长7～11 μm（其中角突长3～4 μm），宽5～10 μm；内层细胞长7～8 μm，宽3.5～10 μm。

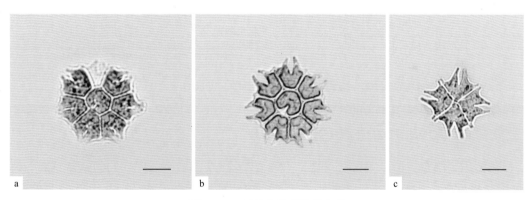

图7-114　四角盘星藻及其变种

a. 四角盘星藻；b. 四角盘星藻离体变种；c. 四角盘星藻四齿变种

水网藻属 *Hydrodictyon* Roth 1797

植物体为真性集结体，大型，由数百至数千个圆柱形或其他形状的细胞组成大型囊状的网，网孔多为五边形或六边形，每一网孔由5个或6个细胞彼此以两端相互连接围绕而成。成熟细胞色素体网状，具多个蛋白核和多个细胞核。

分布于含氮高的浅水池塘中。

1. 网状水网藻（图7-115）

Hydrodictyon reticulatum (Linnaeus) Bory, 1824; 刘国祥和胡征宇, 2012, p. 18, pl. X, fig. 7.

植物体由圆柱形到宽卵形的细胞彼此以其两端的细胞壁连接组成囊状的网，网眼多为五边到六边形。色素体网状，具多个蛋白核，多个细胞核。细胞长1250～2000 μm，宽100～280 μm。

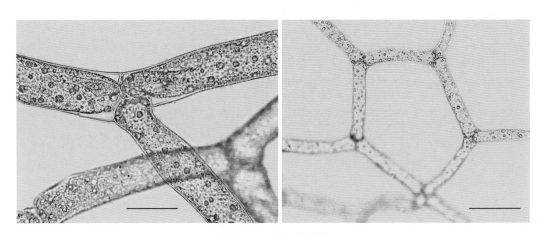

图7-115　网状水网藻

绿藻纲Chlorophyceae　绿球藻目Chlorococcales
空星藻科 Coelastruaceae
空星藻属 *Coelastrum* Nägeli 1849

植物体由4个、8个、16个、32个、64个或128个细胞组成中空的集结体，集结体球形或椭圆形，细胞数目较少的种类为立方形或四面体。细胞球形、卵形或多角形，以细胞壁或细胞壁凸起互相连接，具细胞间隙。除连接部分外，细胞壁表面光滑、部分增厚或具管状凸起。成熟细胞色素体充满整个细胞，具1个蛋白核。

广泛分布于湖泊、池塘、河流等中富营养水体中。

1a. 小空星藻（图7-116a-b）

Coelastrum microporum Nägeli, 1855; 刘国祥和胡征宇, 2012, p. 20, pl. XI, fig. 1.

集结体球形或卵形。细胞球形或近球形，为薄的胶鞘所包被；细胞间以细胞壁相连接，细胞间隙小于细胞直径。细胞壁平滑。细胞直径8～12 μm。

1b. 小空星藻八胞变种（图7-116c）

Coelastrum microporum var. *octaedricum* (Skuja) Sodomková, 1972; 刘国祥和胡征宇，2012, p. 21, pl. XI, fig. 2.

　　集结体由4个或8个细胞组成，呈方形。细胞球形或近球形，细胞直径6～12 μm。

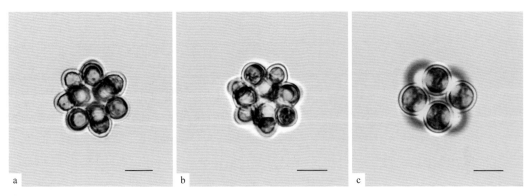

图7-116　小空星藻及其变种

a-b. 小空星藻；c. 小空星藻八胞变种

2. 球形空星藻（图7-117）

Coelastrum sphaericum Nägeli, 1849; 刘国祥和胡征宇，2012, p. 21, pl. XI, fig. 6.

　　集结体球形或椭圆形。细胞卵形至近锥形，窄端向外，末端平截或钝圆，以细胞内侧壁与相邻细胞相连接。细胞间隙小，三角形。细胞直径7～13 μm。

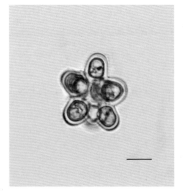

图7-117　球形空星藻

3. 星状空星藻（图7-118）

Coelastrum astroideum Notaris, 1867; 刘国祥和胡征宇，2012, p. 22, pl. XII, figs. 2-5.

　　集结体球形，中空，中部孔隙大，镜面观四边形或五边形。细胞卵形到三角形，侧面观基部钝圆。细胞壁平滑，常在游离一侧的顶端增厚。相邻细胞以基部相互连接，但没有明显的连接带。细胞长7～13 μm，基部宽7～11 μm。

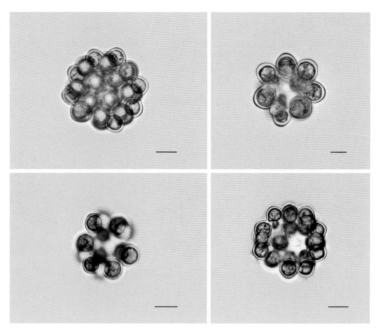

图7-118 星状空星藻

4. 伪小空星藻（图7-119）

Coelastrum pseudomicroporum Korshikov, 1953; 刘国
祥和胡征宇, 2012, p. 22, pl. XII, fig. 6.

集结体球形。细胞卵形，窄端向外，顶端通常加
厚，每个细胞与相邻的4～6个细胞相连接。细胞间隙
小，三角形或四角形。细胞长6～10 μm，宽5～7 μm。

5. 长角空星藻（图7-120）

Coelastrum proboscideum Bohlin, 1896; 刘国祥和胡
征宇, 2012, p. 22, pl. XIII, figs. 1-2.

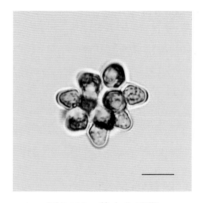

图7-119 伪小空星藻

集结体略锥形。细胞为截顶角锥形，侧面六边形，侧壁凹入，顶端细胞壁节状加
厚。细胞间隙大，常呈多角形。细胞直径6～8 μm。

6. 钝空星藻（图7-121）

Coelastrum morus West et West, 1896; 刘国祥和胡征宇, 2012, p. 23, pl. XIII, fig. 7.

集结体球形或略不规则。细胞球形，表面具有4～10个短圆柱状凸起，细胞以其侧
壁的凸起与相邻细胞相连接。细胞间隙小。细胞直径（不包括凸起）9～13 μm。

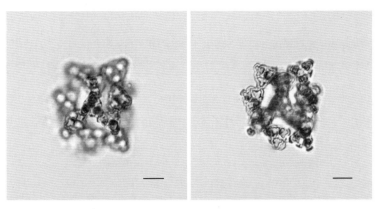

图 7-120　长角空星藻

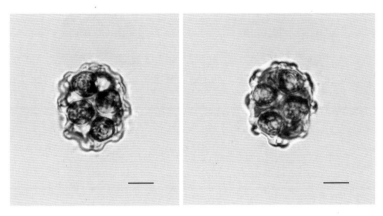

图 7-121　钝空星藻

7. 立方空星藻（图 7-122）

Coelastrum cubicum Nägeli, 1849; 刘国祥和胡征宇，2012, p. 24, pl. XIV, figs. 2-3.

集结体立方体或球形。细胞镜面观六角形，游离面具 3 个半透明的短凸起。细胞间隙呈四角形。细胞直径 18～20 μm。

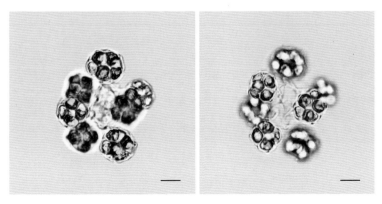

图 7-122　立方空星藻

8. 网状空星藻（图7-123）

Coelastrum reticulatum (Dangeard) Senn, 1899; 刘国祥和胡征宇, 2012, p. 25, pl. XIV, fig. 5.

集结体球形或卵圆形。细胞球形。细胞壁平滑，但在游离面有5～7条呈放射状排列的绳索状凸起，相邻细胞以凸起相连接。细胞间隙大，呈三角形至不规则圆形。细胞直径7～11 μm。

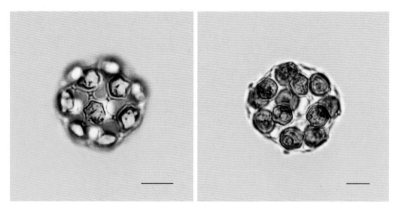

图7-123　网状空星藻

9. 多凸空星藻（图7-124）

Coelastrum polychordum (Korshikov) Hindák, 1977; 刘国祥和胡征宇, 2012, p. 26, pl. XIV, figs. 6-7.

集结体球形。细胞球形，彼此分离。细胞壁厚，常呈暗褐色，每个细胞具8～10条辐射状突出于细胞外壁的狭长的指状带，相邻细胞间以1～3条指状带相连接。细胞间隙三角形。细胞直径7～11 μm。

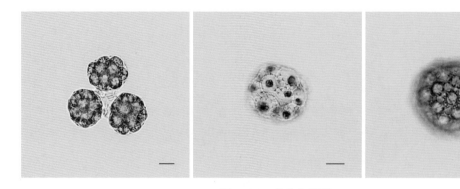

图7-124　多凸空星藻

集星藻属*Actinastrum* Lagerheim 1882

植物体为真性集结体，浮游，无胶被，常由4个、8个、16个细胞组成。细胞柱状长圆形、棒状纺锤形或截顶长纺锤形，各细胞以一端在集结体中心相连接，呈放射状排列。色素体单一，片状，周位，边缘不规则，具1个蛋白核。

广泛分布于湖泊、池塘、河流等中富营养水体中。

1. 近角形集星藻（图7-125）

Actinastrum subcornutum Wang, 1990; 刘国祥和胡征宇, 2012, p. 27, pl. XV, fig. 2.

细胞近角状，基部广圆，向顶端渐尖并或多或少弯曲。细胞长20～30 μm，宽2.5～3.5 μm。

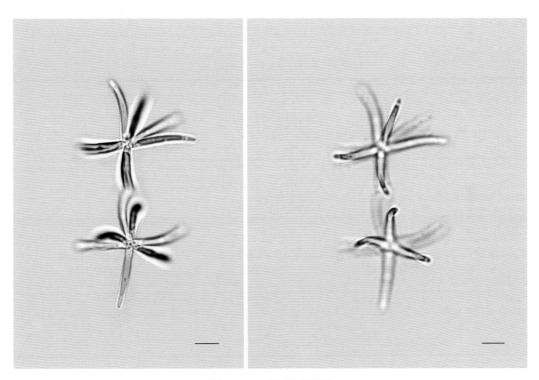

图7-125　近角形集星藻

2. 小形集星藻（图7-126）

Actinastrum gracillimum Smith, 1916; 刘国祥和胡征宇, 2012, p. 27, pl. XV, fig. 3.

细胞直，柱状长圆形，顶端截圆，中部的宽度等于或略小于顶端的宽度，长为宽的5～6倍。细胞长24～30 μm，宽3～5 μm。

图7-126 小形集星藻

3. 拟针形集星藻（图7-127）

Actinastrum raphidoides (Reinsch) Brunnthaler, 1915; 刘国祥和胡征宇, 2012, p. 28, pl. XV, fig. 4.

细胞直，圆柱形，外侧游离端尖锐，基端截平，两侧壁近直且互相平行。色素体单一，片状，周位，具1个蛋白核。细胞长15～25 μm，宽2～5 μm。

4. 汉斯集星藻（图7-128）

Actinastrum hantzschii Lagerheim, 1882; 刘国祥和胡征宇, 2012, p. 28, pl. XVI, fig. 1.

细胞纺锤形，两端钝圆，中部宽约为顶端的2倍，长为宽的3～6倍。细胞长18～24 μm，宽3～6 μm。

图7-127 拟针形集星藻

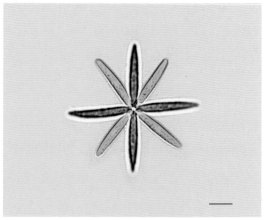

图7-128 汉斯集星藻

5. 河生集星藻（图7-129）

Actinastrum fluviatile (Schröder) Fott, 1977; 刘国祥和胡征宇, 2012, p. 29, pl. XVI, fig. 3.

　　细胞长纺锤形，游离端尖锐，基端微钝。细胞长25～30 μm，宽3～5 μm。

图7-129　河生集星藻

绿藻纲Chlorophyceae　绿球藻目Chlorococcales 栅藻科 Scenedesmaceae
冠星藻属 *Coronastrum* Thompson 1938

　　植物体由4个细胞组成真性集结体。细胞近球形、椭圆形或新月形，4个细胞在一个平面上排成方形，彼此分离，仅靠细胞壁中部的短柱状凸起连接；在细胞的一端保留着残存的细胞壁。色素体单一，片状，周位，具1个蛋白核。

　　分布于池塘、湖泊等中富营养水体中。

1. 月形冠星藻（图7-130）

Coronastrum lunatum Thompson, 1950; 刘国祥和胡征宇, 2012, p. 31, pl. XVII, figs. 5-6.

　　细胞侧面观新月形、宽新月形至三角形，顶面观卵形，末端广圆。细胞的一端有1个锥状的直或略弯的无色附属物。细胞长8～12 μm，宽4～6 μm。

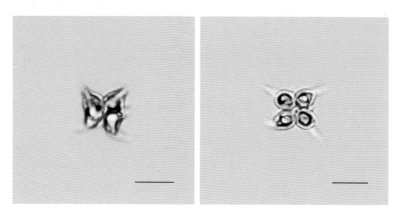

图 7-130　月形冠星藻

四链藻属 *Tetradesmus* Smith 1913

植物体为真性集结体，由4个细胞组成，顶面观呈十字排列，细胞依其纵轴平行排成两列，以内侧壁的大部分或仅中部与集结体中心相连接。细胞纺锤形、新月形或柱状长圆形，细胞外侧游离面平直、凹入或凸出。色素体片状，周位，具1个蛋白核。

见于池塘、湖泊等中富营养水体中。

1. 月形四链藻（图 7-131）

Tetradesmus lunatus Korshikov, 1953; 刘国祥和胡征宇, 2012, p. 33, pl. XIX, figs. 1-2.

细胞新月形，外侧壁内凹，细胞壁两端延伸呈刺状，一端稍长，一端略短，末端均较尖锐。细胞长12～15 μm，宽3～5 μm。

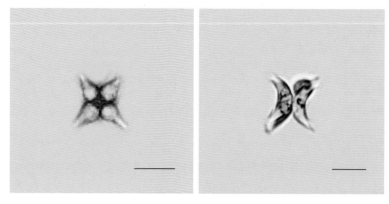

图 7-131　月形四链藻

2. 威斯康星四链藻（图7-132）

Tetradesmus wisconsinensis Smith, 1913; 刘国祥和胡征宇, 2012, p. 33, pl. XIX, fig. 3.

细胞纺锤形、弓形或弯曲新月形，罕有直的。细胞长 20～25 μm，宽 4～6 μm。

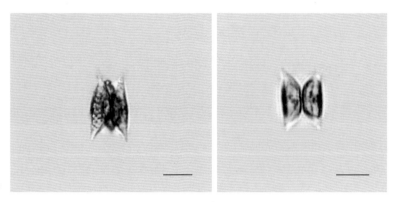

图7-132　威斯康星四链藻

四粒藻属 *Tetrachlorella* Korshikov 1939

　　植物体由4个卵形细胞组成，排在一个平面上，形成菱形集结体，具一个厚的共同胶鞘。集结体靠中间的2个细胞以亚顶端处连接，二者长轴平行；外侧的2个细胞，其长轴亦平行，以其内侧面分别与中间2个细胞的壁连接。细胞壁平滑或具冠状环形纹饰。色素体1个或2个，片状，周位，具1个或2个蛋白核。

　　广泛分布于湖泊、池塘、河流等中富营养水体中。

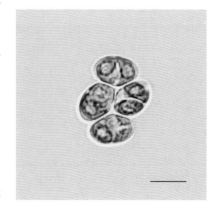

1. 交错四粒藻（图7-133）

Tetrachlorella alternans (Smith) Korshikov, 1939;
　刘国祥和胡征宇, 2012, p. 34, pl. XIX, fig. 4.

　　集结体扁平，由4个细胞组成。细胞卵形、长卵形或卵状纺锤形，两端圆。细胞壁平滑。细胞长 9～13 μm，宽 8～10 μm。

图7-133　交错四粒藻

四星藻属 *Tetrastrum* Kützing 1845

　　集结体由4个细胞组成，十字形排列在一个平面上，中心具或不具一个小孔。细胞近三角形或卵圆形。细胞壁平滑或具颗粒、刺。色素体单一，片状，周位，具或不具蛋白核。

广泛分布于湖泊、池塘、河流等中富营养水体中。

1. 平滑四星藻（图7-134）

Tetrastrum glabrum (Roll) Ahlstrom et Tiffany, 1934;
　刘国祥和胡征宇, 2012, p. 35, pl. XIX, fig. 6.

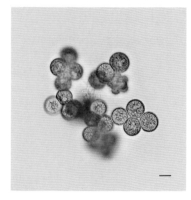

图7-134　平滑四星藻

集结体中央不具小孔隙。细胞锥形，两侧壁平直，外侧壁钝圆。细胞壁平滑。色素体单一，具1个蛋白核。细胞直径9～12 μm。

2. 三角四星藻（图7-135）

Tetrastrum triangulare (Chodat) Komárek, 1974; 刘国祥和胡征宇, 2012, p. 35, pl. XIX, fig. 7.

集结体中央具1个方形小孔隙。细胞扇形或三角形，角圆，外侧游离壁扁圆。细胞壁平滑。细胞直径4～7 μm。

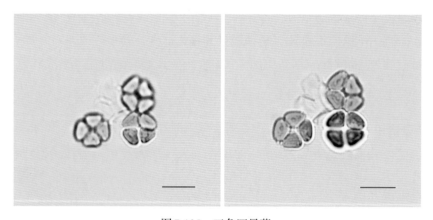

图7-135　三角四星藻

3. 异刺四星藻（图7-136）

Tetrastrum heteracanthum (Nordstedt) Chodat, 1895; 刘国祥和胡征宇, 2012, p. 36, pl. XX, fig. 1.

集结体中央具1个方形小孔隙。细胞三角形，外侧游离壁略凹入或有时呈广圆形，具一长一短的粗刺，刺直或略弯，各细胞的长刺和短刺在集结体外侧交错排列。细胞直径4～9 μm，短刺长2～4 μm，长刺长10～20 μm。

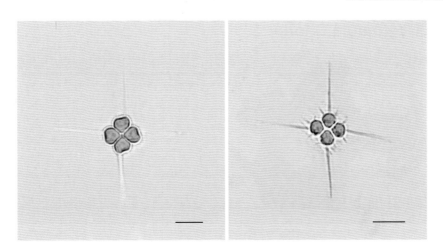

图 7-136 异刺四星藻

4. 多刺四星藻（图 7-137）

Tetrastrum multisetum (Schmidle) Chodat, 1902; 刘国祥和胡征宇, 2012, p. 36, pl. XX, fig. 2.

集结体中央不具孔隙。细胞外侧壁圆，表面具 5～8 根刺，刺直。细胞直径 4～7 μm，刺长 4～8 μm。

5. 孔纹四星藻（图 7-138）

Tetrastrum punctatum (Schmidle) Ahlstrom et Tiffany, 1934; 胡鸿钧和魏印心, 2006, p. 661, pl. XIV-30, fig. 8.

集结体中央具方形小孔。细胞卵圆形到三角锥形，外侧游离面突出呈圆锥形，细胞壁外侧缘边和缘内具许多颗粒。细胞长 6～7 μm，宽 4～5 μm。

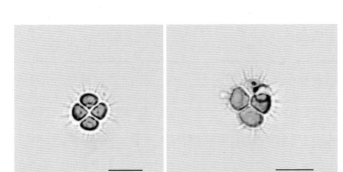

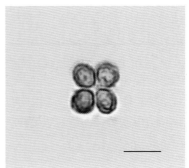

图 7-137 多刺四星藻　　　　　图 7-138 孔纹四星藻

贺氏藻属 *Hofmania* Chodat 1900

植物体由4个细胞十字形排列成集结体或由4个这样的集结体组成复合集结体。细胞卵圆形或椭圆形，细胞壁平滑。色素体单一，片状，周位。

见于池塘等小水体中。

1. 附壁贺氏藻（图7-139）

Hofmania appendiculata Chodat, 1900; 刘国祥和胡征宇, 2012, p. 38, pl. XXI, fig. 3.

集结体中央孔隙方形，较小或无。细胞卵圆形，以宽的一端相互连接。细胞长5～7 μm，宽3～5 μm。

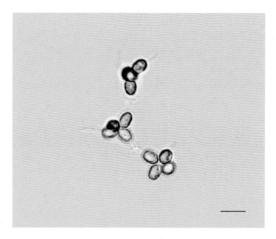

图7-139 附壁贺氏藻

韦氏藻属 *Westella* Wildeman 1897

植物体为复合原始集结体，各集结体由残存的母细胞壁相连接，有时具胶被。集结体由4个细胞组成，呈方形紧密排列在同一平面上。细胞球形到近球形。色素体周位，杯状，具1个蛋白核。

分布于池塘、湖泊等中富营养水体中。

1. 葡萄韦氏藻（图7-140）

Westella botryoides (West) Wildeman, 1897; 刘国祥和胡征宇, 2012, p. 39, pl. XXI, figs. 4-5.

植物体由16个、32个或更多细胞组成，具或不具胶被，常由4个细胞以其狭端相接，呈金字塔形或十字形排列成1个集结体。细胞顶面观长圆形，侧面观球形。细胞长5～9 μm，宽4～8 μm。

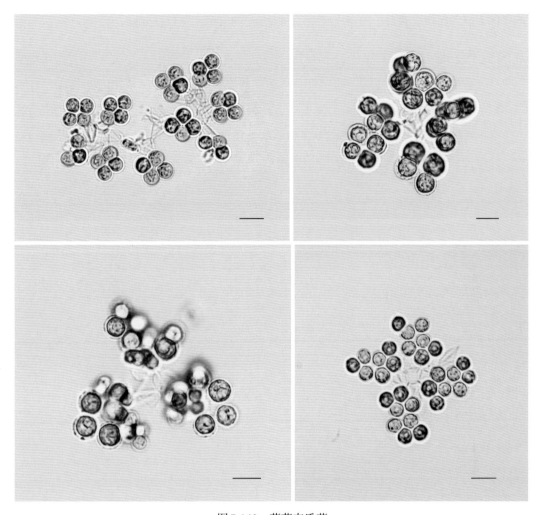

图7-140　葡萄韦氏藻

十字藻属 *Crucigenia* Morren 1830

植物体由4个细胞呈十字形排列，组成真性集结体，常具明显的胶被，镜面观方形、长方形或偏菱形，中央具或不具空隙。细胞三角形、梯形、椭圆形或半圆形。色素体1个，片状，周位，无或具1个蛋白核。

广泛分布于湖泊、池塘、河流等中富营养水体中。

1. 窗格十字藻（图7-141）

Crucigenia fenestrata (Schmidle) Schmidle, 1900; 刘国祥和胡征宇, 2012, p. 41, pl. XXII, fig. 3.

集结体方形排列，中央孔隙呈方形。细胞近长圆形或长梯形，以内侧壁相连接。

色素体1个，周位，片状，无蛋白核。细胞长4~7 μm，宽3~5 μm。

2. 四足十字藻（图7-142）

Crucigenia tetrapedia (Kirchner) Kuntze, 1898; 刘国祥和胡征宇, 2012, p. 41, pl. XXII, fig. 4.

集结体方形，有时近圆形，中央孔隙小，常形成16个细胞的复合集结体。细胞三角形，两端钝圆，外侧壁游离面平直，有时略内凹或外凸。细胞长5~6 μm，宽2~3 μm。

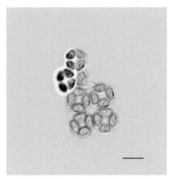
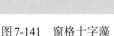
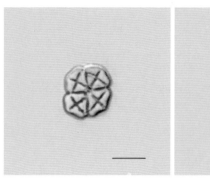

图7-141　窗格十字藻　　　　　　　　图7-142　四足十字藻

3. 四角十字藻（图7-143）

Crucigenia quadrata Morren, 1830; 刘国祥和胡征宇, 2012, p. 42, pl. XXII, fig. 5.

集结体近圆形，中央孔隙呈方形，常相互连接成16个细胞的复合集结体。细胞近球形，近集结体中央的细胞壁因挤压而呈垂直的，两边外侧游离壁明显凸出。具或不具蛋白核。细胞直径4~5 μm。

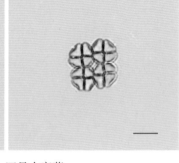

图7-143　四角十字藻

4. 十字藻（图7-144）

Crucigenia crucifera (Wolle) Kuntze, 1898; 刘国祥和胡征宇, 2012, p. 43, pl. XXII, fig. 6.

集结体斜长方形或长方形，中央孔隙长方形，常由单一集结体组合形成复合集结体。细胞长圆形或肾形，两端圆，内侧细胞壁略外凸，外侧游离壁常内凹。具1个蛋白核。细胞长4.5~7 μm，宽2.5~4 μm。

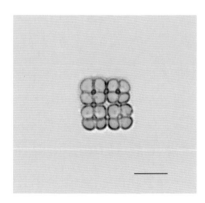

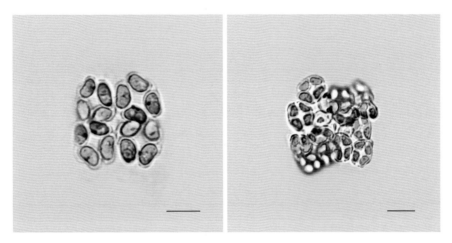

图7-144　十字藻

5. 忽略十字藻（图7-145）

Crucigenia neglecta Fott et Ettl, 1959; 刘国祥和胡征宇, 2012, p. 43, pl. XXIII, fig. 3.

集结体呈长方形，中央孔隙呈方形。细胞长圆柱形，两端圆，以内侧壁彼此连接。具1个蛋白核。细胞长4～6 μm，直径3～4 μm。

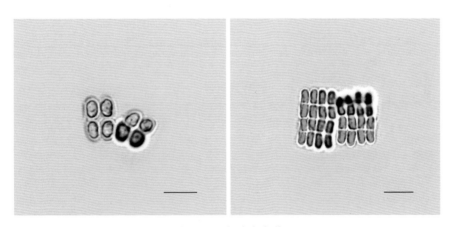

图7-145　忽略十字藻

6. 方形十字藻（图7-146）

Crucigenia rectangularis (Nägeli) Gay, 1891; 刘国祥和胡征宇, 2012, p. 43, pl. XXIII, fig. 4.

集结体长方形或椭圆形，排列较规则，中央空隙呈方形，常由单集结体组成16个细胞的复合集结体。细胞卵形或长卵形，顶端钝圆，外侧游离壁略外凸，以底部和侧壁与邻近细胞连接。细胞长4～6 μm，宽2.5～4 μm。

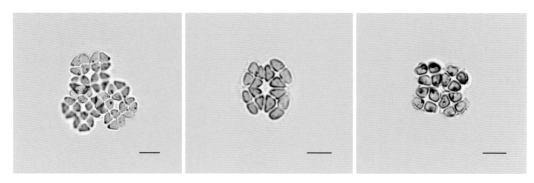

图7-146　方形十字藻

7. 劳氏十字藻（图7-147）

Crucigenia lauterbornii (Schmidle) Schmidle, 1900; Komárek and Fott, 1983, p. 790, Taf. 220, fig. 1.

植物体四角形，由卵形、半球形细胞组成。细胞内侧壁以直线接触，中心有1个大的空隙。色素体单一，具1个蛋白核。细胞长6～12 μm，宽3～9 μm。

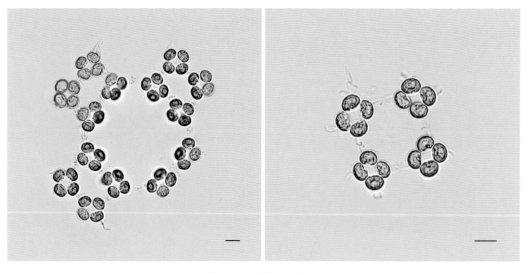

图7-147　劳氏十字藻

双形藻属 *Dimorphococcus* Braun 1855

植物体为复合真性集结体，各集结体由残存的母细胞壁相连，每个集结体由4个细胞组成。中间两个细胞长卵形，一端钝圆，一端截形，截形的一端交错连接。两侧的两个细胞肾形，两端钝圆，各以凸侧的中央部与相邻细胞截形的一端相连。成熟细胞中色素体分散充满整个细胞，具一个蛋白核。

分布于湖泊、池塘、河流等中富营养水体中。

1. 月形双形藻（图7-148）

Dimorphococcus lunatus Braun, 1855; 刘国祥和胡征宇, 2012, p. 46, pl. XXIV, fig. 4.

特征同属。细胞长 12～16 μm，宽 7～9 μm。

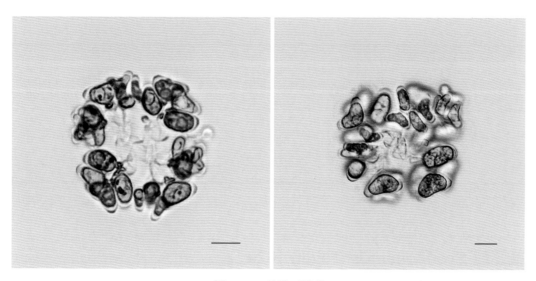

图7-148　月形双形藻

双月藻属 *Dicloster* Jao, Wei et Hu 1976

植物体由2个细胞组成的集结体。细胞新月形，由凸侧中央部相互连接，两端渐尖，由细胞壁延伸成为中实的刺状部分。色素体单一，片状，周位或分散而充满整个细胞，具2个蛋白核。

分布于湖泊、池塘、河流等中富营养水体中。

1. 尖双月藻（图7-149）

Dicloster acuatus Jao, Wei et Hu, 1976; 刘国祥和胡征宇, 2012, p. 48, pl. XXV, fig. 1.

特征同属。细胞长（含末端刺状部分）24～55 μm，宽 3～7 μm。

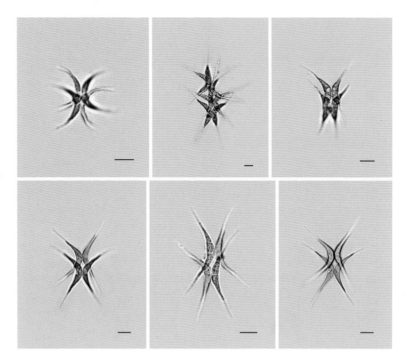

图7-149　尖双月藻

栅藻属 *Scenedesmus* Meyen 1829

集结体多由2个、4个或8个，罕由16个或32个细胞组成，细胞依其长轴在一个平面上线形或交错地排列成1行或2行。集结体内各细胞同形，或两端细胞与中间的异形。细胞呈长圆形、卵圆形、椭圆形、圆柱形、纺锤形、新月形或肾形，细胞壁平滑，或具刺、齿、瘤、脊等，通常细胞顶端及侧缘具长刺或齿状凸起或缺口。幼细胞色素体单一，周位，常具1个蛋白核，老细胞色素体充满整个细胞。

广泛分布于湖泊、池塘、沼泽、河流等中富营养水体中，种类多，但很少有单个种形成优势种。

1. 光滑栅藻（图7-150）

Scenedesmus ecornis (Ehrenberg) Chodat, 1926; 刘国祥和胡征宇, 2012, p. 53, pl. XXVI, figs. 1-2.

细胞直线排列成1行或2行，细胞排列不交错，以3/4细胞长彼此相接。细胞圆柱形到长圆形，两端广圆；细胞壁平滑，无刺。细胞长9～12 μm，宽3～5 μm。

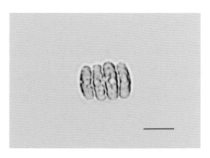

图7-150　光滑栅藻

2. 盘状栅藻（图7-151）

Scenedesmus disciformis (Chodat) Fott et Komárek, 1960; 刘国祥和胡征宇, 2012,
p. 54, pl. XXVI, figs. 3-5.

集结体由8个细胞常排列成2行，或4个细胞常平直地排成1行，或呈四球藻形近菱形排列；细胞以侧壁及两端紧密连接，胞间无空隙。细胞肾形到弯曲的长卵形，两端钝圆；细胞壁光滑。细胞长9～12 μm，直径6～8 μm。

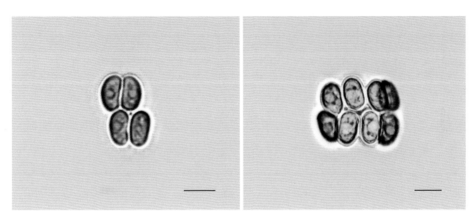

图7-151　盘状栅藻

3. 钝形栅藻（图7-152）

Scenedesmus obtusus Meyen, 1829; 刘国祥和胡征宇, 2012, p. 54, pl. XXVI, figs. 6-8.

细胞平齐或交错排列成2行，各细胞交错相嵌的连接处常呈钝角，细胞间偶具间隙。细胞宽圆形或近卵形，细胞壁光滑。细胞长6～9 μm，宽2～4 μm。

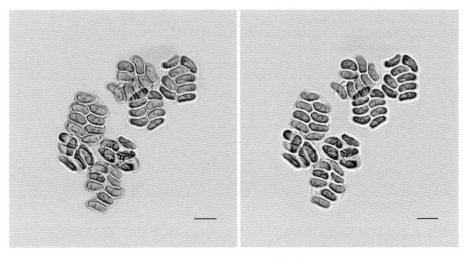

图7-152　钝形栅藻

4. 凸顶栅藻（图7-153）

Scenedesmus producto-capitatus Schmula,
1910; 刘国祥和胡征宇, 2012, p. 56,
pl. XXVII, fig. 1.

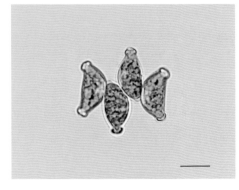

图7-153　凸顶栅藻

　　细胞略交错排列成1行，各细胞以侧壁的
1/5～1/3相连接。细胞纺锤形，顶端略膨大，
顶部钝圆或略增厚呈帽状；细胞壁光滑。细胞
长15～18 μm，宽7～9 μm。

5. 单列栅藻（图7-154）

Scenedesmus linearis Komárek, 1974; 刘国祥和胡征宇, 2012, p. 56, pl. XXVII, fig. 3.

　　细胞平直或略不整齐地排列成1行，但不互相交错。细胞短圆柱形到长圆形，两端
圆或广圆。细胞壁平滑。细胞长12～14 μm，宽4～7 μm。

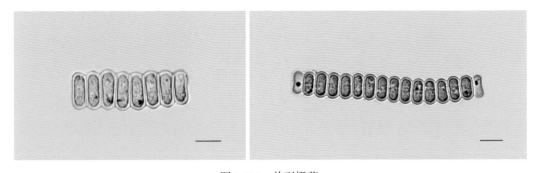

图7-154　单列栅藻

6. 伯纳德栅藻（图7-155）

Scenedesmus bernardii Smith, 1916; 刘国祥和胡征宇, 2012, p. 58, pl. XXVIII, figs. 1-2.

　　细胞不规则地连成1条直线，或以相邻细胞顶端或中部某点相连。细胞纺锤形
或新月形，顶端较尖，有时外侧细胞镰刀形；细胞壁光滑。细胞长35～49 μm，宽
6～8 μm。

7a. 尖细栅藻（图7-156a）

Scenedesmus acuminatus (Lagerheim) Chodat, 1902; 刘国祥和胡征宇, 2012, p. 58,
pl. XXVIII, fig. 4.

　　细胞平直或不规则排列，仅以部分侧壁相连接。细胞菱形、新月形、镰形或弓形，
两端狭长而尖锐；细胞壁光滑。细胞长28～38 μm，宽3～6 μm。

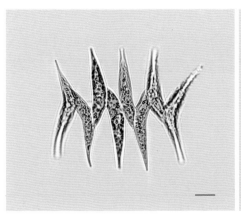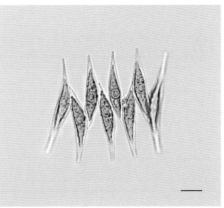

图7-155 伯纳德栅藻

7b. 尖细栅藻大型变种（图7-156b）

Scenedesmus acuminatus f. ***maximus*** Uherkovich, 1966, p. 42, Taf. III, figs. 67-69.

细胞略交错排列成1行。细胞近纺锤形，外侧细胞两端的细胞壁向游离侧延伸，中间细胞的细胞壁分别间错地向一端延伸，另一端则呈锐尖的角。细胞壁延伸部分长而透明。细胞长18～42 μm，宽4.5～7.5 μm。

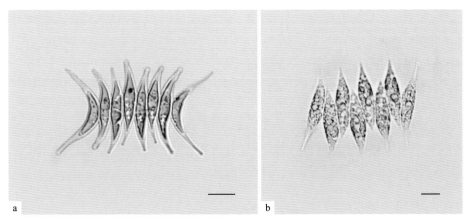

图7-156 尖细栅藻及其变种
a.尖细栅藻；b.尖细栅藻大型变种

8. 二形栅藻（图7-157）

Scenedesmus dimorphus (Turpin) Kützing, 1834; 刘国祥和胡征宇, 2012, p. 60,
  pl. XXVIII, fig. 7.

细胞直线排列成1行或交错排列成2行。细胞两种形状，中间细胞纺锤形，外侧细胞新月形，两端均较尖。细胞长28～46 μm，宽4～6 μm。

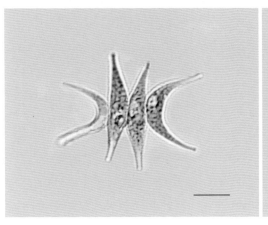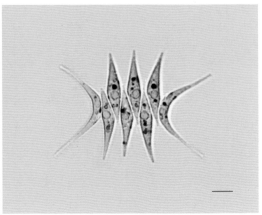

图7-157　二形栅藻

9. 颗粒栅藻（图7-158）

Scenedesmus granulatus West et West, 1897; 刘
　国祥和胡征宇, 2012, p. 64, pl. XXXI, fig. 7.

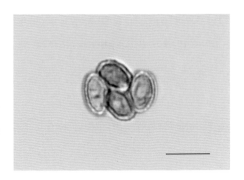

　　细胞直线或微弯成曲线排列成1行。细胞长
卵形或长圆形，两端广圆；细胞壁表面具不规
则的颗粒状凸起。细胞长6～9 μm，宽4～5 μm。

10. 多齿栅藻（图7-159）

图7-158　颗粒栅藻

Scenedesmus polydenticulatus Hortobagyi,
　1969; 刘国祥和胡征宇, 2012, p. 64, pl. XXXII, fig. 2.

　　细胞以侧壁相连略交错排列。细胞长椭圆形到椭圆形，轻微弯曲，两端窄圆；细
胞壁密被短小的细刺。外侧细胞两端各具2根或3根短而强壮的刺，中间细胞仅在一端
具2根或3根刺。细胞长20～24 μm，宽5～9 μm。

11. 史密斯栅藻（图7-160）

Scenedesmus smithii Teiling, 1942; 刘国祥和胡征宇, 2012, p. 65, pl. XXXII, fig. 3.

　　细胞略呈舟形。外侧细胞的两端各具2根短刺，中间细胞只有游离端具2根斜生的
短刺。细胞长10～17 μm，宽4～10 μm。

12. 齿牙栅藻（图7-161）

Scenedesmus denticulatus Lagerheim, 1882; 刘国祥和胡征宇, 2012, p. 65, pl. XXXII, fig. 6.

　　细胞略直线或交错排列。细胞卵形至椭圆形，两端各具1～4个小齿；细胞壁多较
厚，光滑。细胞长14～20 μm，宽8～11 μm。

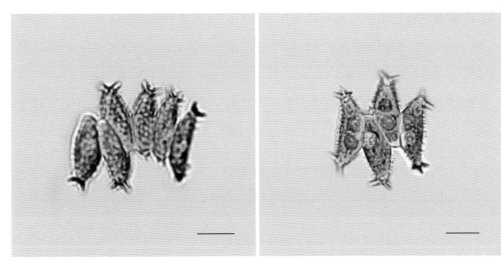

图7-159 多齿栅藻

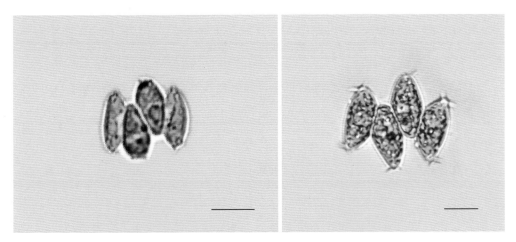

图7-160 史密斯栅藻

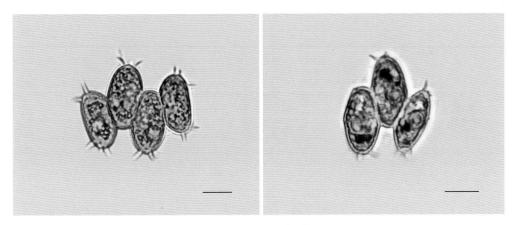

图7-161 齿牙栅藻

13. 叉刺栅藻（图7-162）

Scenedesmus furcato-spinulosus Jao, 1996; 刘国祥和胡征宇, 2012, p. 65, pl. XXXII, fig. 7.

细胞直线排列成1行，以侧壁的大部分相连接。细胞柱状椭圆形，两端游离部分短而尖，全部细胞顶端具二分叉的刺，刺柄极短而粗壮，一分叉横向分开。中间细胞左右对称，细胞壁平滑；外侧细胞左右不对称，外侧密生排列不规则的粗的小型齿状凸起。细胞长10～12 μm，宽3～5 μm；细胞顶端的刺长3～5 μm，外侧细胞的小齿长约1 μm。

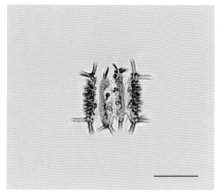

图7-162 叉刺栅藻

14. 不等栅藻（图7-163）

Scenedesmus dispar Brébisson, 1856; 刘国祥和胡征宇, 2012, p. 70, pl. XXXIV, figs. 9-10.

细胞略交错排列成1行。细胞长卵形，外侧细胞两端各具1～2根短刺，中间细胞钝圆的一端具1根刺。细胞长8～17 μm，宽5～8 μm，刺长3～5 μm。

15. 半美丽栅藻（图7-164）

Scenedesmus semipulcher Hortobágyi, 1960; 刘国祥和胡征宇, 2012, p. 75, pl. XXXVI, fig. 6.

细胞紧密结合，线形排列或轻微交错。细胞长椭圆形到圆柱形，末端尖圆。定形群体具有2根长刺，对角状分布于两个边细胞外侧顶端。在所有细胞的两个面上，具有完全或不完整的脊。细胞长16～20 μm，宽4～6 μm，刺长15～20 μm。

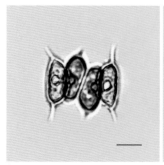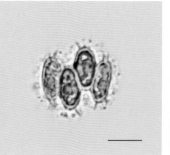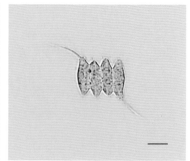

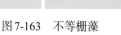

图7-163 不等栅藻　　　　图7-164 半美丽栅藻

16a. 龙骨栅藻（图7-165a-b）

Scenedesmus carinatus (Lemmermann) Chodat, 1913; 刘国祥和胡征宇, 2012, p. 78,
  pl. XXXVIII, fig. 3.

细胞直线排列成1行，平齐。细胞纺锤形或长圆形，外侧细胞两端各具1根刺，各细胞两面各具1条纵脊，贯串全细胞中部，全体细胞或仅中间细胞顶端具1个或2个小齿。细胞长15～28 μm，宽4～8 μm。

16b. 龙骨栅藻对角变种（图7-165c-b）

Scenedesmus carinatus var. *diagonalis* Shen, 1956; 刘国祥和胡征宇, 2012, p. 79,
  pl. XXXVIII, fig. 5.

本变种与原变种的主要区别在于：集结体外侧细胞仅一端具1根长刺，且刺反向延伸；细胞长18～24 μm，宽8～10 μm。

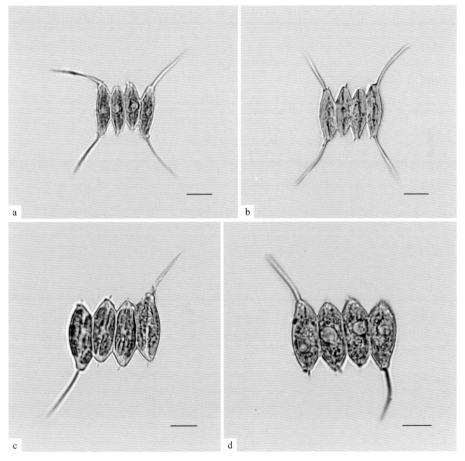

图7-165　龙骨栅藻及其变种
a-b. 龙骨栅藻；c-d. 龙骨栅藻对角变种

17. 奥波莱栅藻（图7-166）

Scenedesmus opoliensis Richter, 1895; 刘国祥和胡征宇, 2012, p. 79, pl. XXXIX, fig. 1.

　　细胞直线排列成1行，平齐，各细胞以侧壁中部的2/3相连接。细胞长椭圆形，外侧细胞两端各具1根长刺，中间细胞一端或两端具1根短刺或缺。细胞长15～21 μm，宽3～6 μm；刺长15～25 μm。

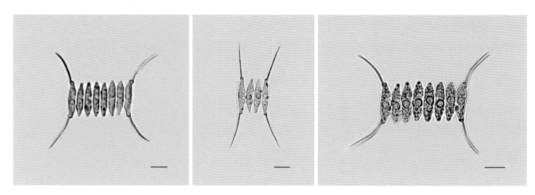

图7-166　奥波莱栅藻

18. 隆顶栅藻（图7-167）

Scenedesmus protuberans Fritsch et Rich, 1929; 刘国祥和胡征宇, 2012, p. 80, pl. XXXIX, fig. 2.

　　细胞直线排列成1行。中间细胞纺锤形，具延长且截平的两端，两端有时具小刺或浓密的颗粒。外侧细胞纺锤形，较中间细胞长，两端狭长延伸，各具1根外弯的长刺。细胞长15～22 μm，宽4～8 μm；刺长14～20 μm。

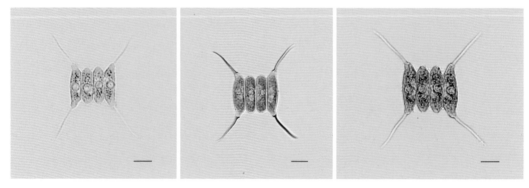

图7-167　隆顶栅藻

19. 珊瑚栅藻（图 7-168）

Scenedesmus corallinus Chodat, 1926; 刘国祥和胡征宇, 2012, p. 81, pl. XXXIX, fig. 5.

细胞线形紧密排列。中间细胞圆柱形，顶端钝圆或尖圆。外侧细胞外侧中部明显外凸，顶端斜生短刺，近细胞长度或更短，同样的刺也着生在细胞中部。细胞长 6～8 μm，宽 3～4 μm。

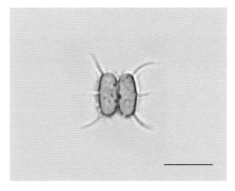

图 7-168 珊瑚栅藻

20. 具孔栅藻（图 7-169）

Scenedesmus perforatus Lemmermann, 1903; 刘国祥和胡征宇, 2012, p. 82, pl. XL, fig. 7.

细胞直线排列而成。细胞圆柱形，两端呈锤形。外侧细胞外侧略外凸，外侧细胞的内侧和中间细胞的两侧壁内凹，相邻细胞以近两端的小部分侧壁相连接，在细胞间形成长形穿孔。外侧细胞两端各具 1 根长刺。细胞壁平滑。细胞长 14～20 μm，宽 4～6 μm；刺长 15～20 μm。

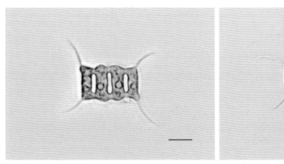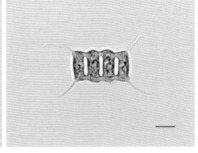

图 7-169 具孔栅藻

21. 椭圆栅藻（图 7-170）

Scenedesmus ellipsoideus Chodat, 1926; 刘国祥和胡征宇, 2012, p. 84, pl. XLI, figs. 3-4.

细胞直线或略交错地排列成 1 行。细胞长圆形或椭圆形。外侧细胞两极各具 1 根长刺，中间细胞两极具长刺或无，或者中间细胞各在一端具 1 根长刺，另一端具 1 个小齿。细胞长 21～27 μm，宽 8～10 μm；刺长 16～20 μm。

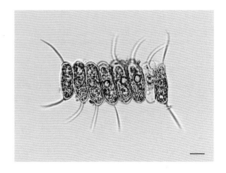

图 7-170 椭圆栅藻

22a. 四尾栅藻（图7-171a-b）

Scenedesmus quadricauda (Turpin) Brébisson, 1835; 刘国祥和胡征宇, 2012, p. 84, pl. XLI, fig. 6.

细胞直线排列成一行，平齐。细胞长圆形或长圆柱形，两端宽圆。外侧细胞两端各具1根长而粗壮且略弯的刺，中间细胞无刺。细胞长16～23 μm，宽8～11 μm；刺长16～25 μm。

22b. 四尾栅藻大形变种（图7-171c-d）

Scenedesmus quadricauda var. ***maximus*** West et West, 1895; 刘国祥和胡征宇, 2012, p. 85, pl. XLI, fig. 8.

本变种与原变种的主要区别在于：细胞较大；细胞长28～32 μm，宽9～13 μm；刺长20～25 μm。

22c. 四尾栅藻小形变种（图7-171e）

Scenedesmus quadricauda var. ***parvus*** Smith, 1916; 刘国祥和胡征宇, 2012, p. 85, pl. XLI, fig. 9.

本变种与原变种的主要区别在于：细胞较小；细胞长6～9 μm，宽3 μm；刺长4～5 μm。

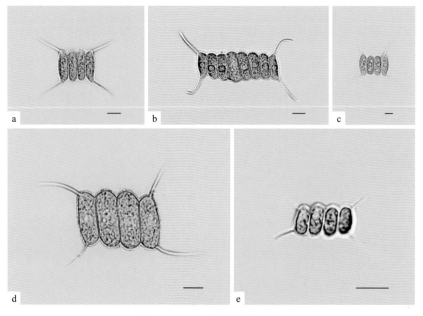

图7-171　四尾栅藻及其变种

a-b. 四尾栅藻；c-d. 四尾栅藻大形变种；e. 四尾栅藻小形变种

双星藻纲 Zygnamatophyceae　鼓藻目 Desmidiales
鼓藻科 Desmidiaceae
新月藻属 *Closterium* Nitzsch ex Ralfs 1848

植物体为单细胞，细胞新月形，略弯曲或显著弯曲，少数平直，中部不凹入，腹部中间膨大或不膨大，顶部钝圆、平直圆形、喙状或逐渐尖细。细胞壁平滑，具纵向的浅纹、肋纹或纵向的颗粒。

广布于湖泊、池塘、河流、沼泽等水体中。

1. 针状新月藻近直变种（图 7-172）

Closterium aciculare var. *subpronum* West et West, 1904; 魏印心, 2003, p. 49, pl. VI, fig. 1.

细胞极细长，长为宽的 85～144 倍。细胞直或略弯，细胞中部两侧近平行，逐渐向顶部狭窄并细长延伸，顶部钝。色素体从细胞中部伸展到顶部之间长度的一半，半细胞具一纵列 4～14 个蛋白核。细胞长 630～670 μm，宽 4.5～6 μm，顶部宽约 2 μm。

2. 尖新月藻变异变种（图 7-173）

Closterium acutum var. *variabile* (Lemmermann) Krieger, 1935; 魏印心, 2003, p. 49, pl. III, fig. 18.

细胞小，长为宽的 33～40 倍，明显弯曲，呈近半圆形。细胞壁平滑。色素体具一纵列 2～5 个蛋白核。细胞长 200～250 μm，宽约 6 μm。

3. 湖沼新月藻（图 7-174）

Closterium limneticum Lemmermann, 1899; 魏印心, 2003, p. 65, pl. VI, figs. 6-7.

细胞细长，长为宽的 30～50 倍，中间部分直，两侧缘近平行，顶部向腹缘略弯曲，顶端略尖。细胞壁平滑。色素体中轴具 8～10 个排成一列的蛋白核，末端具 1 个运动颗粒。细胞长 190～240 μm，宽约 4 μm，顶部宽 2 μm。

4. 平卧新月藻（图 7-175）

Closterium pronum Brébisson, 1856; 魏印心, 2003, p. 73, pl. V, fig. 4.

细胞纤细，狭长，长为宽的 27～50 倍，直或顶部略向腹部弯曲，顶部狭长，顶端圆。细胞壁平滑。色素体中轴具一列 5～12 个蛋白核，末端液泡具 2～10 个运动颗粒。细胞长 200～244 μm，宽 3～5 μm，顶部宽约 2 μm。

5. 具孢新月藻（图7-176）

Closterium idiosporum West et West, 1900; 魏印心, 2003, p. 58, pl. VII, figs. 1-2.

　　细胞中等大小，细长，长为宽的20～23倍，略弯，腹部中部略微膨胀，其后逐渐向顶端变狭，顶狭窄、平截。细胞壁平滑。色素体中轴具一列3～5个蛋白核，色素体未达顶部，末端液泡具数个运动颗粒。细胞长210～217 μm，宽9～10 μm，顶部宽约3 μm。

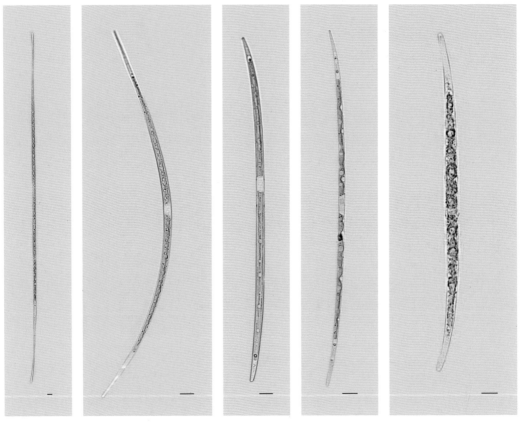

图7-172　针状新月藻近直变种　　图7-173　尖新月藻变异变种　　图7-174　湖沼新月藻　　图7-175　平卧新月藻　　图7-176　具孢新月藻

6. 美孢新月藻（图7-177）

Closterium calosporum Wittrock, 1869; 魏印心, 2003, p. 51, pl. III, figs. 8-9.

　　细胞小，长为宽的7～13倍，背腹对称明显弯曲，腹缘逐渐向顶部变狭，顶端尖圆形。细胞壁平滑。色素体中轴具一列3～4个蛋白核，末端液泡具1个或2个运动颗粒。细胞长100～120 μm，宽7.5～10 μm。

7. 莱布新月藻（图7-178）

Closterium leibleinii Kützing ex Ralfs, 1848; 魏印心, 2003, p. 63, pl. IV, fig. 7.

　　细胞中等大小，长为宽的4～8倍，明显弯曲，腹缘明显凹入，中部略膨大，逐渐向两端变狭，顶部尖圆。色素体中轴具一列2～11个蛋白核，末端液泡大，具数个运动颗粒。细胞长100～108 μm，宽14～18 μm，顶部宽约4 μm。

8. 弯弓新月藻（图7-179）

Closterium incurvum Brébisson 1856; 魏印心, 2003, p. 58, pl. III, fig. 10.

　　细胞小，长为宽的5～7倍，明显弯曲，中部不膨大，从中部向两端明显尖细，顶端尖。细胞壁平滑。色素体中轴具一纵列1～7个蛋白核，末端具1个运动颗粒。细胞长47～55 μm，宽8～10 μm。

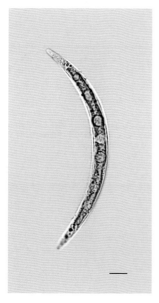 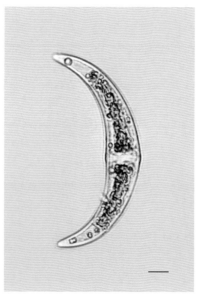 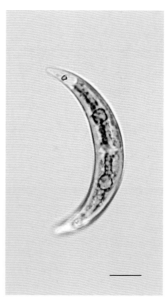

图7-177　美孢新月藻　　　　图7-178　莱布新月藻　　　　图7-179　弯弓新月藻

9. 锐新月藻（图7-180）

Closterium acerosum Ehrenberg ex Ralfs, 1848; 魏印心, 2003, p. 46, pl. XI, fig. 5.

　　细胞大，狭长纺锤形，长为宽的7～16倍，背缘略弯曲，腹缘近平直，顶端狭呈截圆形。细胞壁平滑。色素体中轴具一纵列17～25个蛋白核，末端液泡含数个运动颗粒。细胞长260～300 μm，宽21～23 μm，顶部宽6～7 μm。

10. 披针新月藻（图7-181）

Closterium lanceolatum Kützing ex Ralfs, 1848; 魏印心, 2003, p. 62, pl. VI, fig. 9.

细胞大，长为宽的5～10倍，近披针形，直或略弯曲，腹缘直或略膨大，逐渐向两端变狭，顶部圆锥形。细胞壁平滑。色素体中轴具一列6～12个蛋白核。细胞长166～192 μm，宽25～27 μm，顶部宽约5 μm。

11. 象牙形新月藻（图7-182）

Closterium eboracense (Ehrenberg) Turner, 1887; 魏印心, 2003, p. 55, pl. IV, fig. 8.

细胞中等大小，粗壮，长为宽的4～6倍，略弯曲，腹缘中部不膨大、略膨大或略凹入，逐渐向两端变狭，顶端厚且广圆。细胞壁平滑。色素体中轴具一列6个蛋白核，末端液泡具多个运动颗粒。细胞长174～200 μm，宽34～45 μm，顶部宽7～10 μm。

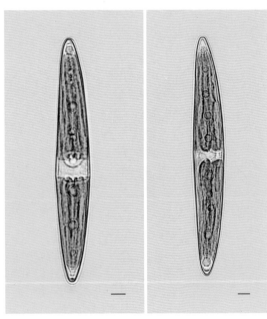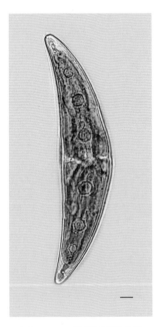

图7-180　锐新月藻　　　　图7-181　披针新月藻　　　　图7-182　象牙形新月藻

辐射鼓藻属 *Actinotaenium* Teiling 1954

植物体为单细胞。绝大多数种类细胞短圆柱形、椭圆形和宽纺锤形，中部略收缢。半细胞正面观呈圆锥形、近圆形、半圆形、椭圆形、卵形、长圆形、截顶角锥形等，顶缘圆、平直或平直圆形，侧缘略凸起或直。细胞壁平滑，具不规则或斜向十字形排列的密集穿孔纹、小圆孔纹。绝大多数种类的色素体轴生，星状，中央具1个蛋白核。

见于中富营养湖泊、池塘。

1. 球辐射鼓藻（图7-183）

Actinotaenium globosum (Bulnheim) Förster
　　ex Compère, 1976; 魏印心, 2013, p. 26,
　　pl. II, fig. 4.

　　细胞小，长约为宽的1.5倍，中部略缢缩。半细胞正面观圆形。色素体轴生，星状，中央具1个蛋白核。细胞长25～28 μm，宽18～20 μm，缢部宽12～14 μm。

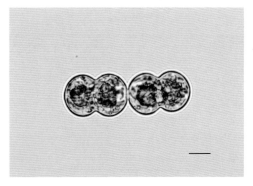

图7-183　球辐射鼓藻

鼓藻属 *Cosmarium* Corda ex Ralfs 1848

　　植物体为单细胞。细胞大小变化很大，侧扁，缢缝常深凹入，狭线形或向外张开。半细胞正面观近圆形、半圆形、椭圆形、卵形、肾形、梯形、长方形、方形、截顶角锥形等，顶缘圆、平直或平直圆形，半细胞缘边平滑或具波形、颗粒、齿，半细胞中部膨大或不膨大、隆起或拱形隆起，半细胞侧面观绝大多数呈椭圆形或卵形。细胞壁平滑，具穿孔、圆孔纹、小孔、齿、瘤，或具一定方式排列的颗粒、乳突等，有的种类半细胞中间部分纹饰与边缘不同。

　　鼓藻属的种类繁多，分布广泛，喜生于偏酸性的、贫营养的软水水体中，有的生活在中性或偏碱性的水体中。长江下游湖泊、河流、池塘中都有分布。

1. 葡萄鼓藻（图7-184）

Cosmarium botrytis Meneghini ex Ralfs, 1848; 魏印心, 2013, p. 59, pl. LXII, figs. 3-4.

　　细胞中到大型，长为宽的1.4～1.6倍，缢缝深凹，狭线形，顶端略膨大。半细胞正面截顶角锥形，顶缘较狭且平直，顶角和基角圆，侧缘略凸起。细胞壁具均匀的略呈同心圆或斜向十字形排列的颗粒。半细胞具1个轴生色素体，具有2个蛋白核。细胞长41～49 μm，宽36～40 μm，缢部宽10～12 μm。

2. 缢缩鼓藻（图7-185）

Cosmarium constrictum Delponte, 1877; 魏印心, 2013, p. 67, pl. IV, figs. 7-9.

　　细胞中型，长为宽的1.5～1.7倍，缢部深凹，近顶端向外略张开。半细胞正面观半圆形，基角广圆。细胞壁厚具点纹。半细胞具1个轴生的色素体，其中央具1个蛋白核。细胞长35～40 μm，宽25～28 μm，缢部宽8～10 μm。

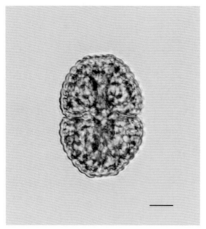

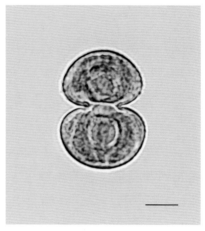

图 7-184　葡萄鼓藻　　　　　　图 7-185　缢缩鼓藻

3a. 狭鼓藻微凹变种（图 7-186a）

Cosmarium contractum var. ***retusum*** (West et West) Krieger et Gerloff, 1962; 魏印心，
　　2013, p. 68, pl. XIII, figs. 14-16.

　　细胞小到中型，缢缝深凹，近顶端向外略张开。半细胞正面观近椭圆形，顶部中间略凹入。细胞壁具点纹。半细胞具1个轴生的色素体，中央具1个蛋白核。细胞长24～26 μm，宽18～19 μm，缢部宽6～6.3 μm。

3b. 狭鼓藻椭圆变种（图 7-186b-c）

Cosmarium contractum var. ***ellipsoideum*** (Elfving) West et West, 1902; 魏印心，2013,
　　p. 68, pl. XIII, figs. 20-22.

　　细胞小到中型，缢缝向外略张开。半细胞正面观近椭圆形。细胞壁平滑。半细胞具1个轴生的色素体，中央具1个蛋白核。细胞长24～28 μm，宽17～18 μm，缢部宽5～6 μm。

3c. 狭鼓藻厚壁变种（图 7-186d-e）

Cosmarium contractum var. ***pachydermum*** Scott et Prescott, 1958; Prescott et al., 1981,
　　p. 109, CLXXVII, figs. 7-8.

　　细胞中型，长略大于宽，缢缝深凹，顶端向外广张开。半细胞正面观近角锥形，顶缘广圆，顶角广圆，侧缘略凸起逐渐向顶部辐合，基角略圆。细胞壁具粗糙点纹。半细胞具轴生的色素体，中央具1个蛋白核。细胞长35～37 μm，宽26～28 μm，缢部宽9～10 μm。

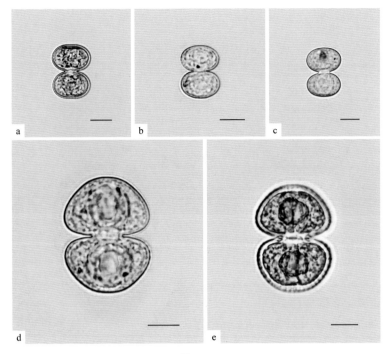

图 7-186

a. 狭鼓藻微凹变种；b-c. 狭鼓藻椭圆变种；d-e. 狭鼓藻厚壁变种

4. 双粒鼓藻（图 7-187）

Cosmarium didymochondrum Nordstedt, 1876; 魏印心, 2013, p. 80, pl. XXXII, figs. 10-
　11.

　　细胞中型，长约为宽 1.2 倍，缢缝深凹，狭线形，外端略张开。半细胞正面观近半圆形到方形，顶缘具 4 个不明显的波形，侧缘具 5～7 个圆齿，基角呈直角和钝圆，缘内具 2 轮（少数 3 轮）呈同心圆排列的颗粒。细胞长 30～32 μm，宽 24～27 μm，缢部宽 10 μm。

5. 颗粒鼓藻（图 7-188）

Cosmarium granatum Brébisson ex Ralfs, 1848; Prescott et al., 1981, pl. 185, figs. 1-3;
　魏印心, 2013, p. 91, pl. XXIV, figs. 4-6.

　　细胞小到中型，长约为宽的 1.4 倍，缢缝深凹，狭线形，顶端略膨大。半细胞正面观角锥形，顶缘狭、平直或略凹入，顶角钝圆，基角圆或近直角；半细胞侧面观卵形。细胞壁具点纹。半细胞具 1 个轴生色素体，其中央具 1 个蛋白核。细胞长 32～40 μm，宽 26～30 μm，缢部宽 8～9 μm。

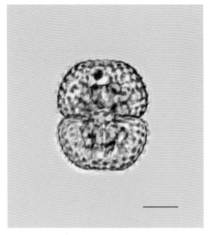
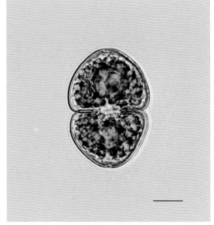

图 7-187　双粒鼓藻　　　　　　　　图 7-188　颗粒鼓藻

6. 项圈鼓藻湖沼变种（图 7-189）

Cosmarium moniliforme* var. *limneticum West et West, 1908; 魏印心, 2013, p. 116, pl. III, figs. 7-8.

　　细胞小到中型，缢部较宽，缢缝中等程度凹入，钝圆，从内向外张开。半细胞正面观圆形，顶部凸起略呈角状。细胞长 25～29 μm，宽 16～19 μm，缢部宽 11～16 μm。

7. 蒙特利尔鼓藻（图 7-190）

Cosmarium montrealense Croasdale, 1981; 魏印心, 2013, p. 117, pl. XIII, figs. 1-3.

　　细胞小型，长约等于或略大于宽，缢缝深凹，狭线形。半细胞正面观椭圆形，顶部平，基部肾形，细胞壁平滑。半细胞具 1 个轴生的色素体，中央具 1 个蛋白核。细胞长 14～17 μm，宽 13～16 μm，缢部宽约 5 μm。

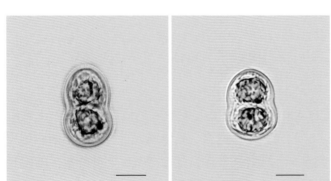
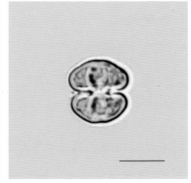

图 7-189　项圈鼓藻湖沼变种　　　　　　图 7-190　蒙特利尔鼓藻

8. 厚皮鼓藻（图7-191）

Cosmarium depressum (Nägeli) Lundell, 1871; 魏印心, 2013, p. 128, pl. X, figs. 1-2.

细胞中型，长为宽的1.2～1.3倍，缢缝中等深度凹入，狭线形，顶端膨大，略向外张开。半细胞正面观椭圆形，顶缘广圆，侧缘近基部有时直，基角广圆。半细胞具1个轴生的色素体，其具2个蛋白核。细胞长33～40 μm，宽24～30 μm，缢部宽10～11 μm。

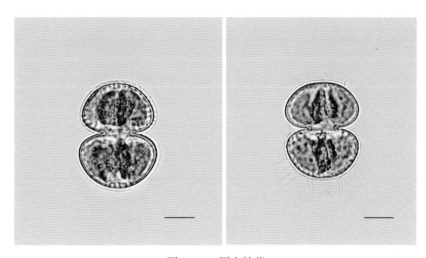

图7-191 厚皮鼓藻

9. 伪隆起鼓藻（图7-192）

Cosmarium pseudoprotuberans Kirchner, 1878; 魏印心, 2013, p. 145, pl. XIV, figs. 1-3.

细胞小到中型，长略大于宽，缢缝深凹，向外略张开。半细胞正面观近六角形，顶部宽且略凸起，侧缘下部比侧缘上部略长，侧角钝圆，基角截圆。细胞壁平滑。半细胞具1个轴生的色素体，其中央具1个蛋白核。细胞长22～25 μm，宽18～22 μm，缢部宽6～7 μm。

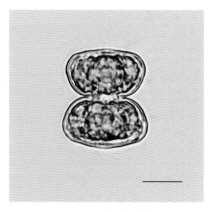

图7-192 伪隆起鼓藻

10. 颤鼓藻（图7-193）

Cosmarium vexatum West, 1892; 魏印心, 2013, p. 198, pl. LV, figs. 9-11.

细胞中型，长略大于宽，缢缝深凹，狭线形，顶端略膨大，外端略张开。半细胞正面观截顶角锥形，顶部平截或略呈波状，顶角和基角钝圆。半细胞具1个轴生的色素体,具2个蛋白核。细胞长30~32 μm,宽24~28 μm,缢部宽7~10 μm。

11. 近平截鼓藻(图7-194)

Cosmarium subtruncatellum Grönblad, 1943; 魏印心, 2013, p. 181, pl. XIII, figs. 4-7.

细胞小型,长略等于宽,缢缝深凹入,向外宽张开近直角。半细胞正面观椭圆形,顶部明显凸起,侧缘呈圆锥形。细胞长20~22 μm,宽21~23 μm,缢部宽6~8 μm。

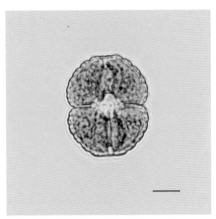

图7-193 颤鼓藻　　　　　图7-194 近平截鼓藻

12. 斑纹鼓藻(图7-195)

Cosmarium conspersum Ralfs, 1848; 魏印心, 2013, p. 66, pl. XLVIII, figs. 8-10.

细胞大型,长为宽的1.3倍,缢部深凹,狭线形。半细胞正面观近长方形,顶缘略凸起,顶角略圆,细胞壁具颗粒。半细胞具1个轴生色素体,具2个蛋白核。细胞长60~72 μm,宽55~65 μm,缢部宽20~25 μm。

13. 近前膨胀鼓藻格雷变种(图7-196)

Cosmarium subprotumidum var. ***gregorii*** (Roy et Bisett) West et West, 1900; 魏印心, 2013, p. 178, pl. LIII, figs. 5-6.

细胞小到中型,缢缝深凹,狭线形,外端略膨大。半细胞正面观梯形到近半圆形,顶部平直,半细胞缘边圆齿由较明显的成对颗粒组成。细胞长20~27 μm,宽20~24 μm,缢部宽6~7 μm。

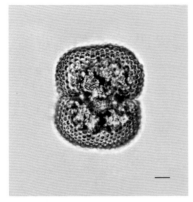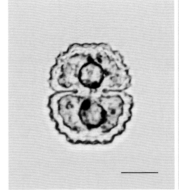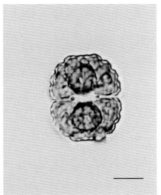

图 7-195　斑纹鼓藻　　　　　　　　　图 7-196　近前膨胀鼓藻格雷变种

14. 四眼鼓藻（图 7-197）

Cosmarium tetraophthalmum Brébisson ex Ralfs,
　　1848; 魏印心, 2013, p. 186, pl. LXI, figs. 9-10,
　　pl. LXXV, fig. 4.

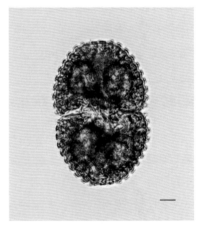

　　细胞大型，长约为宽的 1.5 倍，缢缝深凹，狭线形，外端略膨大。半细胞正面观呈截顶的角锥形到卵形，顶缘平，顶角圆，侧缘略凸起，基角广圆，侧缘具 12～14 个大而较平的颗粒，缘内具大且散生的颗粒。细胞长 80～86 μm，宽 56～58 μm，缢部宽 16～17 μm。

图 7-197　四眼鼓藻

胶球鼓藻属 *Cosmocladium* Brébisson 1856

　　植物体由多数细胞组成的群体，群体有时为不规则形状的分枝，具均匀透明的胶被，群体细胞由近缢部的细胞壁上的小孔分泌的 1 条或 2 条胶质丝彼此连接。细胞小，中间具收缢，通常侧扁，形态类似于辐射鼓藻属及鼓藻属具平滑细胞壁的种类。半细胞正面观六角形、近截顶的角锥形、椭圆形、近肾形等。细胞壁平滑。每个半细胞具 1 个轴生的色素体，其中央具 1 个蛋白核，极少数的种类每个细胞具 1 个色素体，位于缢部区域。

　　见于湖泊、池塘等水体中。

1. 萨克胶球鼓藻（图7-198）

Cosmocladium saxonicum Bary, 1865; 魏印心, 2013, p. 201, pl. LXIV, fig. 7.

群体球形，具均匀透明的胶被，群体细胞在近缢部的细胞壁上的小孔分泌2条胶质丝互相连接，形成2～3个或多达数十个细胞的群体。细胞小，长约为宽的1.5倍，缢缝深凹，向外宽张开呈锐角。半细胞正面观近椭圆形，顶缘比腹缘略凸起；垂直面观椭圆形。细胞壁平滑。半细胞具1个轴生的色素体，具4个脊片从中间向细胞壁辐射，半细胞中央具1个蛋白核。细胞长15～16 μm，宽9～10 μm，缢部宽8 μm。

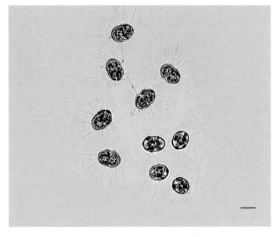

图7-198　萨克胶球鼓藻

多棘鼓藻属*Xanthidium* Ehrenberg ex Ralfs 1848

植物体为单细胞，细胞长常略大于宽（不包括刺），大多数种类两侧对称及细胞侧扁，少数呈三角形的种类为辐射对称，缢缝深凹或中等深度凹入，狭线形或向外张开。半细胞正面观椭圆形、梯形、六角形或多角形等，顶缘常平直，顶角或侧角具单个或成对的强壮粗刺，每个半细胞通常具4个或多于4个单一或叉状的短刺或长刺。细胞壁平滑，具点纹或圆孔纹。半细胞具轴生或周位的色素体，有的小型的种类每个半细胞具1个或2个轴生的色素体，每个色素体具1个蛋白核。

见于湖泊、池塘等水体中。

1. 史密斯多棘鼓藻（图7-199）

Xanthidium smithii Archer, 1860; 魏印心, 2014, p. 28, pl. V, figs. 10-11.

细胞小型，长略大于宽（不包括刺），缢缝深凹，向外张开呈锐角。半细胞正面观近长方形，顶角和基角圆，顶角和基角各具一对中等长度的刺。细胞（不包括刺）长23～26 μm，宽（不包括刺）18～20 μm，缢部宽8～10 μm，刺长约3 μm。

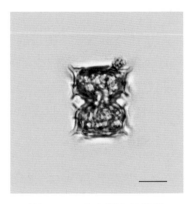

图7-199　史密斯多棘鼓藻

角星鼓藻属 *Staurastrum* Meyen ex Ralfs 1848

植物体为单细胞，细胞一般长略大于宽。半细胞形状呈半圆形、近圆形椭圆形、圆柱形、三角形等，许多种类半细胞顶角或侧角具凸起。细胞壁平滑，具点纹、圆孔纹、颗粒及各种类型的刺和瘤。半细胞一般具1个轴生的色素体，其中央具1个蛋白核，大的细胞具数个蛋白核。

本属种类多，生活在湖泊、河流、池塘、沼泽等水体中，喜生于贫中营养的湖泊、水库中。

1. 毛角角星鼓藻（图7-200）

Staurastrum chaetoceras (Schröder) Smith, 1924; 魏印心, 2014, p. 53, pl. XXIX, figs. 5-6.

细胞大型，长约等于宽（包括凸起），缢缝深凹。半细胞正面观倒三角形，顶缘中间平直，两侧凹入，顶角斜向上延长形成长凸起，凸起具轮状小颗粒或短刺，末端具3～4个齿，腹缘斜向上扩大达长凸起的基部。细胞长（不包括凸起）20～25 μm，长（包括凸起）64～87 μm，宽（不包括凸起）12～23 μm，宽（包括凸起）60～82 μm，缢部宽5～6 μm。

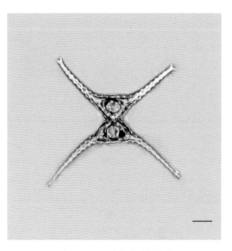

图7-200　毛角角星鼓藻

2a. 纤细角星鼓藻（图7-201a-b）

Staurastrum gracile Ralfs ex Ralfs, 1848; 魏印心, 2014, p. 68, pl. XXXII, figs. 1-2.

细胞小到中型，长为宽的2～2.5倍（不包括凸起），缢缝中等深度凹入，向外张开呈锐角。半细胞形正面观近杯形，顶部宽，略凸起或平直，具一轮小颗粒，顶角斜向上、斜向下或水平向延长形成纤细的长凸起，边缘波形，末端具3～4根刺；垂直面观三角形，侧缘平直，少数略凹入，缘内具一列小颗粒。细胞长50～60 μm，宽（包括凸起）105～110 μm，缢部宽约10 μm。

2b. 纤细角星鼓藻矮形变种（图7-201c）

Staurastrum gracile var. *nanum* Wille, 1880; 魏印心, 2014, p. 70, pl. XXXII, figs. 7-8.

本变种与原变种的主要区别在于：细胞较小，顶角延长形成的凸起较短，垂直面观三角形到五角形；细胞长28～37 μm，宽36～45 μm，缢部宽8～10 μm。

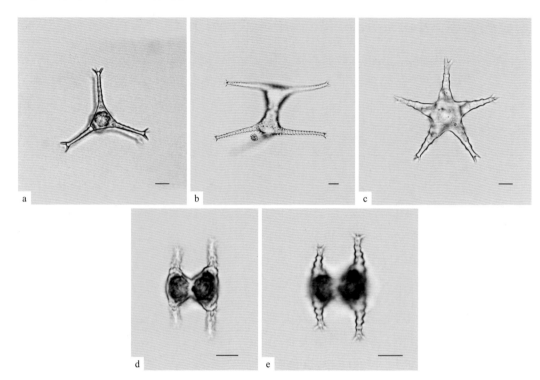

图7-201　纤细角星鼓藻及其变种

a-b. 纤细角星鼓藻；c. 纤细角星鼓藻矮形变种；d-e. 纤细角星鼓藻极瘦变种

2c. 纤细角星鼓藻极瘦变种（图7-201d-e）

Staurastrum gracile var. ***teunissima*** Boldt, 1885; 魏印心, 2014, p. 70, pl. XXXII,
　　figs. 3-4.

　　本变种与原变种的主要区别在于：细胞较扁；半细胞正面观近纺锤形，顶部近平直或略凸起，顶角延长形成极纤细的长凸起，垂直面观三角形，侧缘内具3个小颗粒；细胞长25～28 μm，宽44～47 μm，缢部宽6～7 μm。

3. 弯曲角星鼓藻（图7-202）

Staurastrum inflexum Brébisson, 1856; 魏印心, 2014, p. 74, pl. XXIX, figs. 11-12.

　　细胞小型，宽约为长的1.3倍（包括凸起），缢缝深凹，向外张开近直角。半细胞正面观近楔形，顶部略凸起，顶角略向下延长形成细长的凸起，缘边波状，具数轮小齿，末端具2个或3个小刺，腹缘膨大且比顶缘略凸起；垂直面观三角形，角延长形成细长的凸起，具数轮小齿，末端具2个或3个小刺。细胞常在缢部扭转，一个半细胞的凸起与另一个半细胞的凸起互相交错排列。细胞长26～30 μm，宽（包括凸起）35～42 μm，缢部宽7～9 μm。

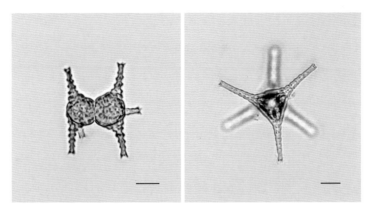

图 7-202　弯角角星鼓藻

4. 光滑角星鼓藻超多数变型（图 7-203）

Staurastrum laeve* f. *suprenumeraria Nordstedt, 1873; 魏印心 , 2014, p. 78, pl. XXIV,
　　figs. 11-12.

　　细胞小型，长约为宽的 1.3 倍（不包括凸起），缢缝深而宽凹陷，顶端钝圆。半细胞
正面观近半圆形，顶角深裂形成 2 个短凸起，短凸起的上端略斜向上延长形成 1 个更短
的附属凸起，末端具 2 个刺；垂直面观三角到五角形。细胞长（包括凸起）25～38 μm，
宽（包括凸起）24～31 μm，缢部宽 6.1 μm。

5. 薄刺角星鼓藻（图 7-204）

Staurastrum leptacanthum Nordstedt, 1869; 魏印心 , 2014, p. 79, pl. LIV, figs. 1-2.

　　细胞大型，长约等于宽（包括凸起），缢缝凹陷，向外张开呈锐角。半细胞正面
观近圆形，顶部略隆起，4 个顶角各斜向上形成 1 个平滑而细长的凸起，凸起末端具二

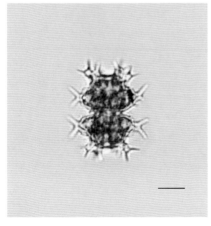

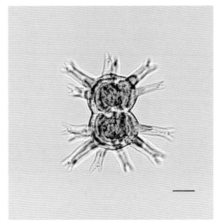

图 7-203　光滑角星鼓藻超多数变型　　　　　图 7-204　薄刺角星鼓藻

叉的刺，6个侧角各水平伸长形成1个与顶角形状相同的凸起。细胞长（不包括凸起）33～42 μm，宽（不包括凸起）24～30 μm，缢部宽17～21 μm，凸起长15～30 μm。

6. 长臂角星鼓藻（图7-205）

Staurastrum longipes (Nordstedt) Teiling, 1946; 魏印心, 2014, p. 82, pl. XXXI, figs. 1-2.

细胞中到大型，长约等于宽（包括凸起），缢缝浅凹入，向外张开呈锐角。半细胞正面观杯形，顶缘平，顶角斜向上延长形成纤细的长凸起，缘边锯齿状，末端具3～4个齿，侧缘略凸起且斜向凸起腹缘的基部；垂直面观三角形，侧缘凹入。细胞长（不包括凸起）23～38 μm，长（包括凸起）47.8～87 μm，宽（包括凸起）55～107 μm，缢部宽7～14 μm。

7. 湖沼角星鼓藻缅甸变种四角变型（图7-206）

Staurastrum limneticum var. ***burmense*** f. ***tetragona*** Smith, 1922; Prescott et al., 1982, p. 238, pl. 435, fig. 2.

细胞中型，宽约为长的1.5倍（包括凸起），缢缝中等深度凹入，顶部钝圆，向外张开呈锐角。半细胞正面观碗形，顶角斜向上延长形成长凸起，末端具2～3个强壮的齿；垂直面观四角形。细胞长（不包括凸起）30～31 μm，长（包括凸起）50～55 μm，宽（不包括凸起）15～20 μm，宽（包括凸起）72～74 μm。

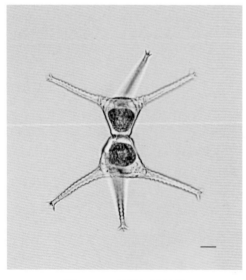

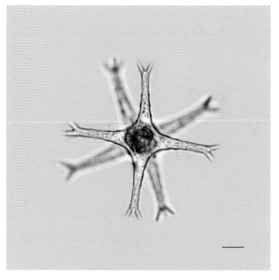

图7-205　长臂角星鼓藻　　　　　图7-206　湖沼角星鼓藻缅甸变种四角变型

8. 长突起角星鼓藻（图7-207）

Staurastrum longiradiatum West et West, 1896; 魏印心, 2014, p. 83, pl. XXXVIII, figs. 1-2.

细胞中型，宽约为长的1.7倍（包括凸起），缢缝中等深度"U"形凹入，向外张开呈锐角。半细胞正面观壶形，顶部平，具一轮6个微凹的瘤，顶角水平向外延长形成纤细的长凸起，末端具2个或4个刺，凸起缘边锯齿状；垂直面观三角形，侧缘内具2个微凹的瘤。细胞长33～39 μm，宽（包括凸起）59～63 μm，缢部宽7～9 μm。

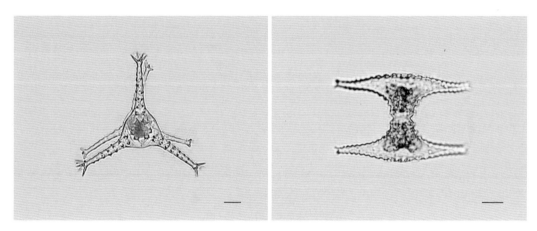

图7-207　长突起角星鼓藻

9. 新月角星鼓藻（图7-208）

Staurastrum lunatum Ralfs, 1848; 魏印心, 2014, p. 85, pl. XIX, figs. 5-6.

细胞小到中型，长约等于或略长于或略短于宽（不包括刺），缢缝深凹，向外张开呈锐角。半细胞正面观倒半圆形，顶缘略凸起，顶角钝，角顶具1个斜向上的粗壮短刺，腹缘膨大；垂直面观三角形，侧缘凹入，角顶具1个粗壮短刺。细胞壁具颗粒，围绕角呈同心圆排列。细胞长（不包括刺）23～38 μm，宽（不包括刺）20～24 μm，缢部宽8～15 μm，刺长3 μm。

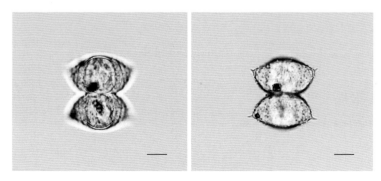

图7-208　新月角星鼓藻

10. 可变角星鼓藻（图7-209）

Staurastrum mutabile Turner, 1892; 魏印心, 2014,
　　p. 89, pl. XXXIII, figs. 3-4.

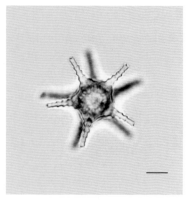

　　细胞小到中型，宽略大于长，缢缝中等深度凹入，向外张开呈锐角。半细胞正面观宽楔形，顶角水平向或略向下伸长形成长凸起，末端具3～4个短尖刺，凸起具3～4轮齿；垂直面观五角到七角形，两凸起间的侧缘凹入，顶部具一轮排成圆形的尖刺。细胞长20～26 μm，宽31～42 m，缢部宽7～8.5 μm。

图7-209　可变角星鼓藻

11. 光角星鼓藻（图7-210）

Staurastrum muticum Brébisson ex Ralfs, 1848; 魏印心, 2014, p. 90, pl. XV, figs. 7-8.

　　细胞小到中型，长略大于或等于宽，缢缝深凹，近顶端向外张开呈锐角。半细胞正面观通常椭圆形；垂直观三角形或四角形，侧缘凹入，角广圆。细胞壁平滑。细胞长20～32 μm，宽19～25 μm，缢部宽5～8 μm。

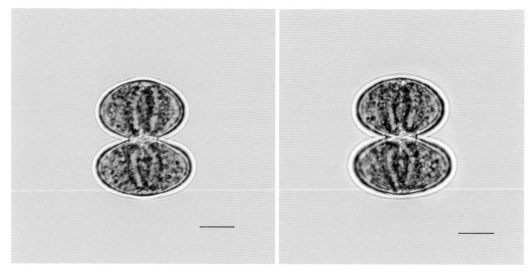

图7-210　光角星鼓藻

12. 矮小角星鼓藻（图7-211）

Staurastrum nanum Wolle, 1884; 魏印心, 2014, p. 90, pl. XXIV, figs. 7-8.

　　细胞小型，宽约为长的1.5倍（包括凸起），缢缝深凹，向外张开呈锐角。半细胞正面观纺锤形，顶缘略凸起，顶角水平向延长形成纤细的凸起，末端具2个尖刺，腹缘凸起；垂直面观三角形，侧缘宽凹入。细胞长15～20 μm，宽（不包括凸起）18～20 μm，（包括刺）25～28 μm，缢部宽7 μm，刺长3～4 μm。

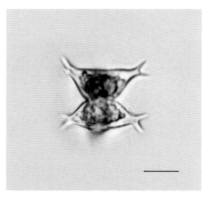

图7-211 矮小角星鼓藻

13. 西博角星鼓藻腹瘤变种（图7-212）

Staurastrum sebaldi var. ***ventriverrucosum*** Scott et Prescott, 1961; 魏印心, 2014, p. 109, pl. XLV, figs. 7-8.

细胞大型，长约为宽的1.6倍（不包括凸起），缢缝深凹，顶端尖，向外张开呈锐角。半细胞正面观近椭圆形，顶角略向下延长形成强壮的短凸起，半细胞背缘具一列约8个瘤，腹缘具6个瘤；垂直面观三角形，缘内具2个瘤。细胞长35～46 μm，宽36～50 μm，缢部宽10～12 μm。

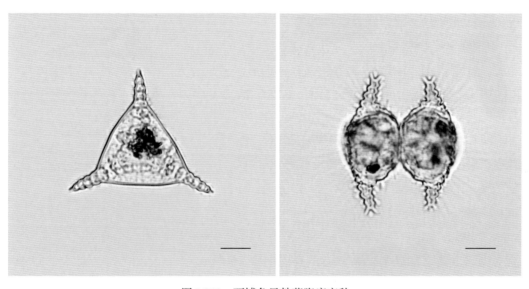

图7-212 西博角星鼓藻腹瘤变种

14. 近阿维角星鼓藻（图7-213）

Staurastrum subavicula (West) West et West, 1894; 魏印心, 2014, p. 115, pl. XX, figs. 3-4.

细胞中型，长约等于或略大于宽，缢缝深凹，从顶端向外"V"形张开。半细胞正面观近椭圆形，顶缘略凸起，半细胞顶部具一轮6个瘤状凸起，末端具双叉的刺，侧缘近平直；垂直面观三角形，角圆。细胞长27～32 μm，宽27～32 μm，缢部宽9 μm。

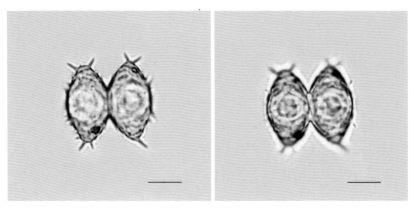

图7-213　近阿维角星鼓藻

15. 近纤细角星鼓藻（图7-214）

Staurastrum subgracillimum West et West,
　　1896; 魏印心, 2014, p. 117, pl. XXIX,
　　figs. 13-14.

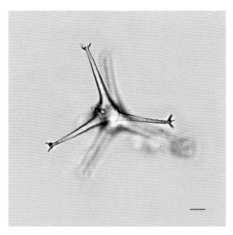

图7-214　近纤细角星鼓藻

　　细胞小型，宽约等于长（不包括凸起），缢缝浅，呈"U"形凹陷。半细胞正面观宽楔形，顶部明显凹入，顶角向水平方向延长形成纤细的长凸起，细胞常在缢部扭转，使上下2个半细胞的长凸起交错排列；垂直面观三角形，侧缘直或略凹入，角延长形成具齿的长凸起，末端具3～4个强壮的齿。细胞长11～12.5 μm，宽32～33 μm，缢部宽6～6.5 μm。

叉星鼓藻属 *Staurodesmus* Teiling 1948

　　植物体为单细胞，细胞一般长略大于宽（不包括刺或凸起），绝大多数种类辐射对称，少数种类两侧对称及细胞侧扁，多数种类缢缝深凹，从内向外张开呈锐角、直角、钝角。半细胞正面观半圆形、近圆形、椭圆形、圆柱形、三角形、倒三角形、四角形、梯形、碗形、杯形、楔形、纺锤形等；半细胞顶角或侧角尖圆、广圆、圆形，并向水平向、略向上或略向下形成乳突、刺或小尖头。细胞壁平滑或具穿孔纹。半细胞一般具1个轴生的色素体，具1到数个蛋白核。

　　分布于湖泊、池塘、沼泽、水库等水体中。

1. 近缘叉星鼓藻（图 7-215）

Staurodesmus connatus (Lundell) Thomasson, 1960; 魏印心, 2014, p. 130, pl. XI, figs. 1-4.

细胞小型，长略等于宽（不包括刺），缢缝深凹，从顶端向外张开近直角。半细胞正面观碗形，顶缘平直或略凸起，顶角尖圆，具一斜向上的长刺；垂直面观三角形，侧缘略凹入。细胞壁平滑。细胞长（不包括刺）19～22 μm，宽（不包括刺）18～20 μm，缢部宽6～8 μm，刺长6 μm。

2. 凑合叉星鼓藻（图 7-216）

Staurodesmus convergens (Ehrenberg ex Ralfs) Lillieroth, 1950; 魏印心, 2014, p. 131, pl. X, figs. 6-8.

细胞中型，缢缝深凹，近顶端狭线形，其后外广张开呈锐角。半细胞正面观近椭圆形，侧角圆形到圆锥形，角顶具1条略向下弯曲的较长的刺，腹缘广圆。细胞壁平滑。细胞长（不包括刺）26～34 μm，宽（不包括刺）24～34 μm，缢部宽7.5～10 μm，刺长6～11 μm。

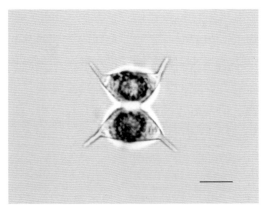 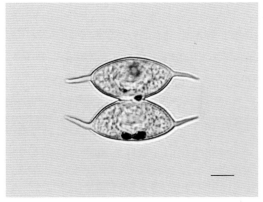

图 7-215　近缘叉星鼓藻　　　　　　图 7-216　凑合叉星鼓藻

3. 平卧叉星鼓藻（图 7-217）

Staurodesmus dejectus (Brébisson) Teiling, 1954; 魏印心, 2014, p. 134, pl. XII, figs. 7-8.

细胞小到中型，长约等于宽（不包括刺），缢缝深凹，缢部狭窄，向外张开呈近直角。半细胞正面观倒三角形，顶缘略凸起，顶角狭圆，具1个略斜向上的长刺，腹缘略凸起；垂直面观三角形，缘边略凹入，角狭圆，角顶具一长刺。细胞长（不包括刺）19～22 μm，宽（不包括刺）16～18 μm，缢部宽5～6 μm，刺长6～7 μm。

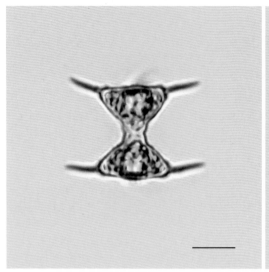
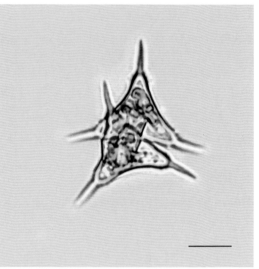

图7-217　平卧叉星鼓藻

凹顶鼓藻属 *Euastrum* Ehrenberg ex Ralfs 1848

植物体为单细胞，多数细胞中型或小型，长为宽的1.5～2倍，长方形、方形、椭圆形、卵圆形等扁平，缢部常深凹入，呈狭线形，少数向外张开。半细胞常呈截顶的角锥形、狭卵形，顶部中间浅凹入、"V"形凹陷或垂直向深凹陷，近基部的中央通常膨大，平滑或由颗粒或瘤组成的隆起；半细胞通常分成3叶，1个顶叶和2个侧叶，中部具或不具胶质孔或小孔。细胞壁极少数平滑，通常具点纹、颗粒、圆孔纹、齿、刺或乳头状凸起。绝大多数种类的色素体轴生，常具1个蛋白核。

分布于湖泊、水库、池塘、沼泽等水体中，喜生于软水沼泽中。

1. 小刺凹顶鼓藻无刺变种（图7-218）

Euastrum spinulosum var. *inermius* (Nordstedt) Bernard, 1908; 魏印心, 2003, p. 136, pl. XXV, figs. 3-7; pl. LII, fig. 3.

细胞中型，长为宽的1.1～1.2倍，缢缝深凹，狭线形，外端略张开。半细胞正面观半圆形；具3个分叶，顶叶很短，钻形，顶叶和侧叶间很狭，顶叶和侧叶缘边及缘内具粗的颗粒。细胞长48～67 μm，宽41～58 μm，缢部宽18～20 μm。

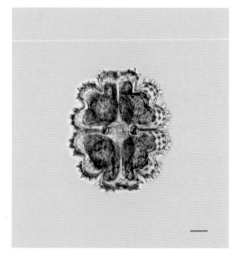

图7-218　小刺凹顶鼓藻无刺变种

顶接鼓藻属 *Spondylosium* Brébisson ex Kützing 1849

植物体为不分枝的丝状体,藻丝长,有时缠绕,常具胶被。细胞小型或中型,侧扁,有的辐射对称,缢缝深凹或中等深度凹入,狭线形或从顶端向外张开。半细胞正面观椭圆形、长方形或三角形,顶缘平直,略凸起或略凹入,每个半细胞的顶部与相邻半细胞的顶部互相连接形成不分枝的丝状体。细胞壁平滑或具点纹。每个半细胞具1个轴生的色素体,具1个或数个蛋白核。

1. 项圈顶接鼓藻(图7-219)

Spondylosium moniliforme Lundell, 1871; 魏印心, 2014, p. 147, pl. LIX, figs. 1-2.

藻丝缠绕。细胞小到中型,缢缝深凹,顶端圆形,向外张开呈锐角。半细胞正面观近三角形,顶部略高出,顶缘圆,侧缘广圆,每个半细胞的顶缘与相邻半细胞的顶缘互相连接形成不分枝的丝状体。色素体轴生,片状。细胞长29～35 μm,宽20～33 μm,缢部宽6～10 μm。

2. 平顶顶接鼓藻(图7-220)

Spondylosium planum (Wolle) West et West, 1912; 魏印心, 2014, p. 149, pl. LIX, figs. 4-5.

藻丝常不缠绕,不具胶被。细胞中型,长略等于宽,缢缝深凹,顶端钝圆,向外张开。半细胞正面观长圆形,顶缘宽且平直,侧缘广圆,每个半细胞的顶部与相邻半细胞的顶部连接。细胞壁平滑。细胞长9～14 μm,宽10～15 μm,缢部宽5.5～6.5 μm。

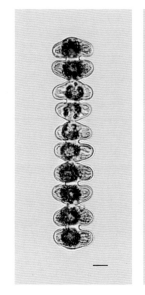
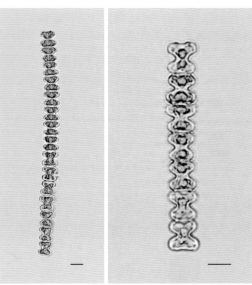
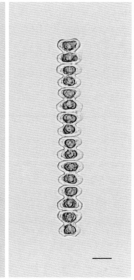

图219 项圈顶接鼓藻　　　　　　　　图220 平顶顶接鼓藻

参 考 文 献

毕列爵，胡征宇. 2004. 中国淡水藻志 第八卷 绿藻门 绿球藻目（上）. 北京：科学出版社：198.

郭皓. 2004. 中国近海赤潮生物图谱. 北京：海洋出版社.

胡鸿钧. 2015. 中国淡水藻志 第二十卷 绿藻门 团藻目（Ⅱ）衣藻属. 北京：科学出版社.

胡鸿钧，魏印心. 2006. 中国淡水藻类：系统、分类及生态. 北京：科学出版社.

梁慧文. 1987. 福建色球藻目（Chroococcales）新植物. 福建师范大学学报（自然科学版），3（2）：
　84-90.

刘国祥，胡征宇. 2012. 中国淡水藻志 第十五卷 绿藻门 球藻目（下）四胞藻目 叉管藻目 刚毛藻目.
　北京：科学出版社.

刘国祥，胡圣，储国强，胡征宇. 2008. 中国淡水多甲藻属研究. 植物分类学报，46（5）：754-771.

林燊，彭欣，吴忠心，李仁辉. 2008. 我国水华蓝藻的新类群——阿氏浮丝藻（Planktothrix agardhii）
　生理特性. 湖泊科学，20（4）：437-442.

罗立明，胡鸿钧，李夜光. 2002. 中国团藻目研究（Ⅰ）. 武汉植物学研究，20（1）：14-20.

罗立明，胡鸿钧，李夜光. 2003. 中国团藻目研究（Ⅱ）. 武汉植物学研究，21（1）：45-53.

潘鸿，唐宇宏，杨凤娟，阿丹，杨扬. 2010. 中国团藻科新记录属——板藻属（Platydorina）. 武汉
　植物学研究，28（6）：698-701.

饶钦止. 1988. 中国淡水藻志 第一卷 双星藻科. 北京：科学出版社.

施之新. 1986. 湖北省裸藻门植物的新种类. 水生生物学报，10（1）：60-72.

施之新. 1987. 鄂西地区裸藻的新种类. 水生生物学报，11（4）：357-366.

施之新. 1996. 扁裸藻属和鳞孔藻属的新分类群. 植物分类学报，34（1）：105-111.

施之新. 1997. 中国囊裸藻属的新种类. 水生生物学报，21（3）：219-225.

施之新. 1999. 中国淡水藻志 第六卷 裸藻门. 北京：科学出版社.

施之新，饶钦止. 1998. 中国具囊壳裸藻类的新种类. 水生生物学报，22（1）：62-70.

谭好臣，王媛媛，李书印，张琪，刘国祥，刘本文. 2020. 中国淡水水华甲藻一新记录种及其生态风
　险. 湖泊科学，32（3）：784-792.

王全喜. 2007. 中国淡水藻志 第十一卷 黄藻门. 北京：科学出版社.

王全喜，曹建国，刘妍，钦娜. 2008. 上海九段沙湿地自然保护区及其附近水域藻类图集. 北京：科
　学出版社

王全喜，邓贵平. 2017. 九寨沟自然保护区常见藻类图集. 北京：科学出版社.

王策箴. 1986. 吉林省色球藻科（Chroococcaceae）植物的研究. 东北师大学报（自然科学版），18（3）：
　153-171.

魏印心. 2003. 中国淡水藻志 第七卷 绿藻门 双星藻目 中带鼓藻科 鼓藻目 鼓藻科 第1册. 北京：科
　学出版社

魏印心. 2013. 中国淡水藻志 第十七卷 绿藻门 鼓藻目 鼓藻科 第2册 辐射鼓藻属 鼓藻属 胶球鼓藻属. 北京：科学出版社.

魏印心. 2014. 中国淡水藻志 第十八卷 绿藻门 鼓藻目 鼓藻科 第3册 多棘鼓藻属 叉星鼓藻属 角星鼓藻属 丝状鼓藻类. 北京：科学出版社.

魏印心. 2018. 中国淡水藻志 第二十一卷 金藻门（Ⅱ）. 北京：科学出版社.

吴忠兴, 虞功亮, 施军琼, 李仁辉. 2009. 我国淡水水华蓝藻——束丝藻属新记录种. 水生生物学报, 33（6）：1140-1144.

吴忠兴, 曾波, 李仁辉, 宋立荣. 2012. 中国淡水水体常见束丝藻种类的形态及生理特性研究. 水生生物学报, 36（2）：323-328.

吴忠兴, 余博识, 彭欣, 虞功亮, 覃家理, 李仁辉. 2008. 中国水华蓝藻的新记录属——拟浮丝藻属（Planktothricoides）. 武汉植物学研究, 26（5）：461-465.

虞功亮, 宋立荣, 李仁辉. 2007. 中国淡水微囊藻属常见种类的分类学讨论——以滇池为例. 植物分类学报, 45（5）：727-741.

虞功亮, 吴忠兴, 邵继海, 朱梦灵, 谭文华, 李仁辉. 2011. 水华蓝藻类群乌龙藻属（Woronichinia）的分类学讨论. 湖泊科学, 23（1）：9-12.

张军毅, 朱冰川, 吴志坚, 许涛, 陆祖宏. 2012. 片状微囊藻（Microcystis panniformis）——中国微囊藻属的一个新记录种. 湖泊科学, 24（4）：647-650.

张琪, 刘国祥, 胡征宇. 2012. 中国淡水拟多甲藻属研究. 水生生物学报, 36（4）：751-764.

张毅鸽, 王一郎, 杨平, 戴国飞, 耿若真, 李守淳, 李仁辉, 2020. 江西柘林湖水华蓝藻——长孢藻（Dolichospermum）的形态多样性及其分子特征. 湖泊科学, 32（4）：1076-1087.

朱浩然. 1991. 中国淡水藻志 第二卷 色球藻纲. 北京：科学出版社.

朱浩然. 2007. 中国淡水藻志 第九卷 蓝藻门 藻殖段纲. 北京：科学出版社.

Agardh C A. 1812. Algarum decas prima. Lundae: Litteris Berlingianis.

Agardh C A. 1817. Synopsis algarum Scandinaviae, adjecta dispositione universali algarum. Lundae: Ex officina Berlingiana.

Bornet, Et Flahault, Kirchner. 1878. Cyanophyceae von Schlesisen, Algen.

Braun A. 1851. Betrachtungen über die Erscheinung der Verjüngung in der Natur. Leipzig: Verlag von Wilhelm Engelmann.

Bornet É, Flahault C. 1886-1887. Revision des Nostocacées hétérocystées contenues dans les principaux herbiers de France (Troisième fragment). Annales des Sciences Naturelles, Botanique, Septième Série 5: 51-129.

Bornet É, Flahault C. 1886-1888. Revision des Nostocacées hétérocystées contenues dans les principaux herbiers de France (quatrième et dernier fragment). Annales des Sciences Naturelles, Botanique, Septième Série 7: 177-262.

Bourrelly P, Manguin É. 1952. Algues d'eau douce de la Guadeloupe et dépendances: recueillies para la Mission P. Allorge en 1936. Paris: Société d'Édition d'Enseignement Superiéur.

Carlson G W F. 1913. Süsswasser-Algen aus der Antarktis, Süd-Georgien und den Falkland Inseln. Wissenschaftliche Ergebnisse der Schwedischen Südpolar-Expedition 1901-1903, unter leitung von Dr.

Otto Nordenskjöld. Lithographisches Institut des Generalstabs, 4(14): 1-94.

Castagne L. 1851. Supplément au catalogue des plantes qui croissent naturellement aux environs de Marseille. Aix: Impimerie de Nicot & Pardigon.

Chodat R. 1913. Berne: K. J. Wyss. Monographies d'algues en culture pure. Materiaux pour la flore cryptogamique Suisse, Vol. 5, Fasc. 2.

Chu S P. 1935. On Lepocinclis of Nanking. Sinensia, 6(2): 158-184.

Chu S P. 1936. On new and rare species of Leponcinclis. Sinesia, 7: 266-292.

Chu H J. 1952. Some new Myxophyceae from Szechwan province, China. Ohio Journal of Science, 52(2): 96-101.

Croasdale H T, Prescott G W, de M Bicudo C E. 1983. A Synopsis of North American Desmids, Part II, Desmidiaceae: Placodermae Section 5, The Filamentous Genera. Lincoln: University of Nebraska Press.

Dangeard P A. 1901. Recherches sur les Eugléniens. Le Botaniste, 8: 97-357.

De Brébisson L A. 1856. Liste des Desmidiées, observées en Basse-Normandie. Mémoires de la Société Impériale des Sciences Naturelles et Mathématiques de Cherbourg, 4: 113-166.

De Brébisson L A, Godey L L. 1835-1836. Algues des environs de Falaise, décrites et dessinées par MM. de Brébisson et Godey. Mémoires de la Société Académique des Sciences, Artes et Belles-Lettres de Falaise: 1-62, 256-269.

Deflandre G. 1924. Additions à la flore algologique des environs de Paris III, Flageillées. Bull Soc Bot France, 71: 1115-1130.

Deflandre G. 1926. Monographie du genre *Trachelomonas* Ehr. Nemours: Imprimerie André Lescot.

Deflandre G. 1927. Remarques sur la systématique du genre *Trachelomonas* Ehr.: I. Bulletin de la Société Botanique de France, 74: 285-288.

Deflandre G. 1930. *Strombomonas*, nouveau genre d'euglénacées (*Trachelomonas* Ehr. proparte). Archiv für Protistenkunde, 69: 551-614.

Denis M, Frémy P. 1924. Une nouvelle Cyanophycées hétérocystée: *Anabaena viguieri*. Bulletin de la Société Linnéenne de Normandie, Série 6, 7: 122-125.

De Toni G B, Forti A. 1900. Contributo alla conoscenza del plancton del Lago Vetter. Atti del Reale Istituto Veneto di Scienze Lettero ed Arti, 59(2): 537-568.

Ehrenberg C G. 1838. Die Infusionsthierchen als vollkommene Organismen: ein blick in das tiefere organische Leben der Natur. Leipzig: Verlag von Leopold Voss.

Ehrenberg C G. 1839. Über die Bildung der Kreidefelsen und des Kreidemergels durch unsichtbare Organismen. Abhandlungen der Königlichen Akademie der Wissenschaften zu Berlin: 59-147.

Ehrenberg C G. 1843. Verbreitung und Einfluss des mikroskopischen Lebens in Süd-und Nord-Amerika. Königliche Akademie der Wissenschaften: 291-445.

Fritsch F E. 1902. Observations on species of Aphanochaete Braun. Annals of Botany, 16: 403-417.

Fritsch F E. 1912. Freshwater algae in the South Orkneys by Mr. R.N. Rudmose Brown, B. Sc. of the Scottish National Antarctic Expedition, 1902-04. Journal of the Linnean Society of London Botany, 40: 293-338.

Fritsch F E. 1914. Notes on British flagellates, I-IV. New Phytologist, 13(10): 341-352.

Fritsch F E. 1948. Contributions to our knowledge of British Algae. Hydrobiologia, 1: 115-125.

Fritsch F E, Rich F. 1929. Freshwater algae from Griqualand West. Transactions of the Royal Society of South Africa, 18: 1-123.

Gardner N L. 1927. New Myxophyceae from Porto Rico. Memoirs of the New York Botanical Garden, 7: 1-144.

Gojdics M. 1953. The genus *Euglena*. Madison: University of Wisconsin Press.

Gomont M. 1892. Monographie des Oscillariées (Nostocacées Homocystées). Annales des Sciences Naturelles, Botanique, Série 7, 16: 91-264.

Hariot P. 1891. Le genre Polycoccus Kützing. Journal de Botanique, 5: 29-32.

Hieronymus G. 1892. Beiträge zur Morphologie und Biologie der Algen. Beiträge zur Biologie der Pflanzen, 5: 461-492.

Hübner E F W. 1886. Euglenaceen-Flora von Stralsund. Programm des Realgymnasiums Stralsund: 1-20.

Huber-Pestalozzi G. 1955. Das Phytoplankton des Süsswassers. Systematik und biologie. 4. Teil. Euglenophyceen // Thienemann A. Die Binnengewässer: Einzeldarstellungen aus der Limnologie und ihren Nachbargebieten Band 16, 4. Teil. Stuttgart: E. Schweizerbart'sche Verlagsbuchhandlung. [I]-IX.

Jao C C. 1935. Studies on the freshwater Algae of China, I. Zygnemataceae from Szechwan. Sinensia, 6: 551-620.

Jao C C. 1939. Studies on the freshwater algae of China, IV. Subaerial and aquatic algae from Nanyoh, Hunan. Sinensia, 10: 161-239.

Jao C C. 1940. Studies on the freshwater algae of China, IV. Subaerial and aquatic algae from Nanyoh, Hunan. Part II. Sinensia, 11: 241-361.

Jao C C. 1944. Studies on the fresh-water algae of China, XIII. New Myxophyceae from Kwangsi. Sinensia, 15(1/6): 75-90.

Koczwara M. 1915. Fitoplankton stawów dobrostanskich [Phytoplankton der Dobrostany-Teiche]. Kosmos, 40: 231-275.

Komárek J. 1974. The morphology and taxonomy of crucigenoid algae (Scenedesmaceae, Chlorococcales). Archiv für Protistenkunde, 116.

Komárek J, Anagnostidis K. 1995. Nomenclatural novelties in chroococcalean cyanoprokaryotes. Preslia, 67: 15-23.

Korshikov A A. 1953. Pidklas Protokokovi (Protococcineae)'Vakuolni (Vacuolales) ta Protokokovi (Protococcales) (Viznachnik prisnovodnihk vodorostey Ukrainsykoi SSR) 5. Kyiv: An URSR Press.

Komárek J, Anagnostidis K. 2005. Cyanoprokaryota-2. Teil/2nd Part: Oscillatoriales // Budel B, Krienitz L, Gartner G et Schagel M. Süsswasserflora von Mitteleuropa. Berlin: Springer-Verlag.

Komárek J, Fott B. 1983. Das Phytoplankton des Süßwassers 7. Teil, 1. Hälfte. Chlorophyceae (Grünalgen) Ordnung: Chlorococcales. Stuttgart: E. Schweizerbart'sche Verlagsbuchhandlung.

Komárek J, Komáreková J. 2002. Review of the European *Microcustis*-morphospecies (Cyanoprokaryotes) from nature. Czech Phycology, Olomouc, 2:1-24.

Komárková J. 2010. Variability of *Chroococcus* (Cyanobacteria) morphospecies with regard to phylogenetic relationships. Hydrobiologia, 639: 69-83

Kristiansen J, Preisig H R. 2007. Chrysophyte and Haptophyte Alage, 2nd Part. Synurophyceae // Büdel B, Gärtber G, Krienitz L, Preisig H R, Schagerl M. Süsswasserflora von Mitteleuropa 1/2. Berlin: Springer-Verlag.

Kützing F T. 1843. Phycologia generalis: oder Anatomie, Physiologie und Systemkunde der Tange. Leipzig: F. A. Brockhaus.

Kützing F T. 1845. Phycologia germanica, d.i. Deutschlands Algen in bündigen Beschreibungen. Nebst einer Anleitung zum Untersuchen und Bestimmen dieser Gewächse für Anfänger. Nordhausen: W. Köhne.

Kützing F T. 1849. Species algarum. Leipzig: F. A. Brockhaus.

Lagerheim G. 1883. Bidrag till Sveriges algflora. Öfversigt af Kongl. Vetenskaps-Akademiens Förhandlingar Arg, 40(2): 37-78.

Lamouroux J V, Bory de Saint-Vincent J B G M, Deslongschamps E. 1824. Encyclopédie méthodique ou par ordre de matières. Histoire naturelle des zoophytes, ou animaux rayonnés, faisant suite à l'histoire naturelle des vers de Bruguière. Paris: Mme veuve Agasse.

Lauterborn R. 1911. Pseudopodien bei Chrysopyxis. Zoologischer Anzeiger, 38: 46-51.

Lemmermann E. 1899. Ergebnisse einer Reise nach dem Pacific. (H. Schauinsland 1896/97). Abhandlungen herausgegeben vom Naturwissenschaftlichen zu Bremen, 16: 313-398.

Lemmermann E. 1900. Beiträge zur Kenntnis der Planktonalgen. III. Neue Schwebalgen aus der Umgegend von Berlin. Berichte der deutsche botanischen Gesellschaft, 18: 24-32.

Lemmermann E. 1901. Beiträge zur Kenntniss der Planktonalgen. XII. Notizen über einige Schwebealgen. XIII. Das Phytoplankton des Ryck und des Greifswalder Boddens. Berichte der deutschen botanischen Gesellschaft, 19: 85-95.

Lemmermann E. 1905. Über die von Herrn Dr. Walter Volz auf seiner Weltreise gesammelten Süsswasseralgen. Abhandlungen herausgegeben vom Naturwissenschaftlichen Verein zu Bremen, 18: 143-174.

Lemmermann E. 1914. Brandenburgische Algen. V. Eine neue, endophytisch lebende *Calothrix*. Abhandlungen herausgegeben vom Naturwissenschaftlichen Vereine zu Bremen, 23: 247-248.

Lemmermann E. 1915. Tetrasporales // Pascher A. Die Süsswasser-Flora Deutschlands, Österreichs und der Schweiz. Heft 5. Jena: Verlag von Gustav Fischer.

Liu Y, Wang Z, Lin S, Yu G, Li R. 2013. Polyphasic characterization of *Planktothrix spiroides* sp. nov. (Oscillatoriales, Cyanobacteria), a freshwater bloom-forming alga superficially resembling *Arthrospira*. Phycologia, 52(4): 326-332.

Matvienko A M. 1938. Materyiali do vivcheniya vodorostej URSR. I. Uchen. Zap. Kharkyiv. derzh. Unyiv, 14: 29-78.

Meister F. 1912. Die Kieselalgen der Schweiz. Beiträge zur Kryptogamenflora der Schweiz, 4(1): 1-254.

Meneghini G. 1840. Synopsis Desmidiacearum hucusque cognitarum. Linnea, 14: 201-240.

Meyen F J F. 1839. Neues system der pflanzen-physiologie. Dritter band. Berlin: Haude und Spenerche

Buchhandlung.

Morren C F A. 1830. Mémoire sur un végétal microscopique d'un nouveau genre, proposé sous le nom de Crucigénie, et sur un instrument que l'auteur nomme Microsoter, ou conservateur des petites choses. Annales des Sciences Naturelles, 20: 404-426.

Nägeli C. 1849. Gattungen einzelliger Algen, physiologisch und systematisch bearbeitet. Schweizerischen Gesellschaft für die Gesammten Naturwissenschaften, 10(7): 1-139.

Palmer T C. 1905. Delaware Valley forms of Trachelomonas. Proceedings of the Academy of Natural Sciences of Philadelphia, 57: 665-675.

Pascher A, Lemmermann E. 1913. Flagellatae II: Chrysomonadinae, Cryptomonadinae, Eugleninae, Chloromonadinae und gefärbte Flagellaten unsicherer Stellung // Pascher A. Die Süsswasserflora Deutschlands, Österreichs und der Schweiz. Jena: Verlag von Gustav Fischer.

Petersen J B. 1928. The aërial algae of Iceland // Rosenvinge L K, Warming E. The botany of Iceland, Vol. II. Part II. Copenhagen et London: Wheldon and Wesley.

Petersen J B. 1930. Algae from O. Olufsens'Second Danish Pamir Expedition 1898-99. Dansk Botanisk Arkiv udgivet af Dansk botanisk forening (Kobenhavn), 6(6): 1-59.

Playfair G I. 1915. The genus *Trachelomonas*. Proceedings of the Linnean Society of New South Wales, 40: 1-41.

Pochmann A. 1942. Synopsis der Gattung Phacus. Archiv für Protistenkunde, 95: 81-252.

Prescott G W, Croasdale H T, Vinyard W C. 1975. A Synopsis of North American Desmids. II, Desmidiaceae: Placodermae Section 1. Lincoln: University of Nebraska Press.

Prescott G W, Croasdale H T, Vinyard W C, Bicudo C D M. 1981. A Synopsis of North American Desmids. II, Desmidiaceae: Placodermae Section 3. Lincoln: University of Nebraska Press.

Prescott G W, de M Bicudo C E, Vinyard W C. 1982. A Synopsis of North American Desmids. II, Desmidiaceae: Placodermae Section 4. Lincoln: University of Nebraska Press.

Pringsheim E G. 1956. Contributions towards a monograph of the genus *Euglena*. Nova Acta Leopoldiana, 18(125): 1-168.

Rabenhorst L. 1865. Flora europaea algarum aquae dulcis et submarinae. Sectio II. Algas phycochromaceas complectens. Leipzig: Apud Eduardum Kummerum.

Rabenhorst L. 1868. Flora europaea algarum aquae dulcis et submarinae. Sectio III. Algas chlorophyllophyceas, melanophyceas et rhodophyceas complectens. Leipzig: Apud Eduardum Kummerum.

Ralfs J. 1848. The British desmidieae // John R. The drawings by Edward Jenner. London: Reeve, Benham & Reeve.

Reinsch P. 1867. Die Algenflora des mittleren Theiles von Franken (des Keupergebietes mit den angrenzenden Partien des jurassischen Gebietes) enthaltend die von Autor bis jetzt in diesen Gebieten beobachteten Süsswasseralgen und die Diagnosen und Abbildungen von ein und fünfzig vom Autor in diesen Gebiete entdeckten neuen Arten und drei neuen Gattungen. Nürnberg: Verlag von Wilhelm Schmid.

Skuja H. 1948. Taxonomie des Phytoplanktons einiger Seen in Uppland, Schweden. Symbolae Botanicae

Upsalienses, 9(3): 1-399.

Skvortzow B W. 1919. Notes on the agriculture, botony and zoology of China XXX, On new flagellate from Manchuria. Journal of the Royal Asiatic Society, 50: 48-55.

Skvortzow B W. 1925. Die Euglenaceengattung Trachelomonas Ehr. Eine systermatische Uebersicht. Harbin: Aus der Biologischen Sungari Station zu Harbin der Gesellschaft zur Erforschung der Mandschurei.

Skvortzow B W. 1928. Die Euglenaceengattung Phacus Dujardin. Eine systematische Übersicht. Berichte der deutsche botanischen Gesellschaft, 46: 105-125.

Skvortzow B W. 1937. Contributions to our knowledge of the freshwater algae of Rangoon, Burma, India. I. Euglenaceae from Rangoon. Archiv für Protistenkunde, 90: 69-87.

Starmach K. 1985. Chrysophyceae und Haptophyceae // Ettl H, Gerloff J, Heynig H, Mollenhauer D. Süßwasserflora von Mitteleuropa 1. Stuttgart & New York: Springer Spektrum.

Stein F. 1878. Der Organismus der Infusionsthiere nach eigenen Forschungen in systematischer Reihenfolge bearbeitet III. Abtheilung. Die Naturgeschichte der Flagellaten oder Geisselinfusorien. I. Halfte, den noch nicht abgeschlossenen allgemeinen Theil nebst Erklärung der Sämmtlichen Abbildungen enthaltend. Leipzig: Verlag von Wilhelm Engelmann.

Stein F. 1883. Der Organismus der Infusionsthiere nach eigenen forschungen in systematischere Reihenfolge bearbeitet. Abtheilung. III. Hälfte II. die Naturgeschichte der Arthrodelen Flagellaten. Leipzig: Verlag von Wilhelm Engelmann.

Stokes A C. 1885. Notices of new fresh-water infusoria. IV. American Monthly Microscopical Journal, 6: 183-190.

Svirenko D O. 1914. Zur Kenntnis der russischen Algenflora, I. Die Euglenaceen Gattung Trachelomonas. Archiv für Hydrobiologie und Planktonkunde, 9: 630-647.

Thieneman A. 1938. Die Binnengewässer Einzeldarstellungen aus der Limnologie und ihren Nachlbargebieten. 1. Teil. Stuttgart: E. Schweizerbart'sche Verlagsbuchhandlung.

Uherkovich G. 1966. Die Scenedesmus-arten ungarns. Budapest: Akadémiai Kiadó.

Utermöhl H. 1925. Limnologische Phytoplanktonstudien. Die Besiedelung ostholsteinischer Seen mit Schwebpflanzen. Archiv für Hydrobiologie, (Suppl 5).

Wacklin P, Hoffmann L, Komárek J. 2009. Nomenclatural validation of the genetically revised cyanobacterial genus *Dolichospermum* (Ralfs ex Bornet et Flahault) comb. nova. Fottea, 9(1): 59-64.

West W. 1892. Algae of the English Lake District. Journal of the Royal Microscopical Society, 12(6): 713-748.

West W, West G S. 1897. Welwitsch's African freshwater algae. Journal of Botany, British and Foreign, 35: 1-7, 33-42, 77-89, 113-122, 172-183, 235-243, 264-272, 297-304.

West W, West G S. 1898. Notes on freshwater algae. Journal of Botany, British and Foreign, 36: 330-338.

West W, West G S. 1908. A monograph of the British Desmidiaceae. Vol. III. London: The Ray Society.

West W, West G S. 1912. On the periodicity of the phytoplankton of some British Lakes. Journal of the Linnean Society of London, Botany, 40(277): 395-432.

Wichmann L. 1937. Studien über die durch H-Stück-Bau der membran ausgeseichneten gattungen Microspora, Binuclearia, Ulotrichopsis und Tribonema. Pflanzenforschung, 20: 11-110.

Wille N. 1884. Bidrag till Sydamerikas Algeflora. I-III. Bihang till Kongliga Svenska Vetenskaps-Akademiens Handlingar, 8(18): 1-64.

Wislouch S. 1914. Sur les *Chrysomonadines* des environs de Petrograd. J. Microbiol, 1: 251-278.

Woronichin N N. 1923. Algae nonnullae novae e Caucaso. I. Botanicheskie Materialy Instituta Sporovykh Rastenij Glavnogo Botanicheskogo Sada R. S. F. S. R, 2: 97-100.

Yamagishi T. 1992. Plankton Alage in Taiwan. Tokyo: Uchida Rokakuho.

中文名索引

拉丁名索引